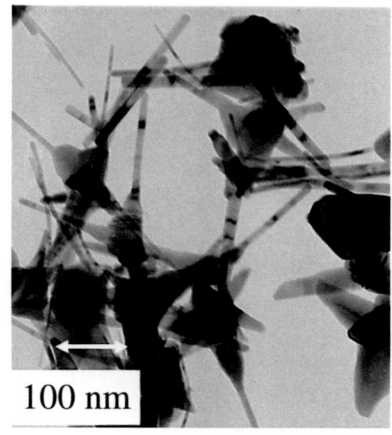

口絵 1　ガス中蒸発法で作成した ZnO ナノ粒子
☞ p.10 参照.

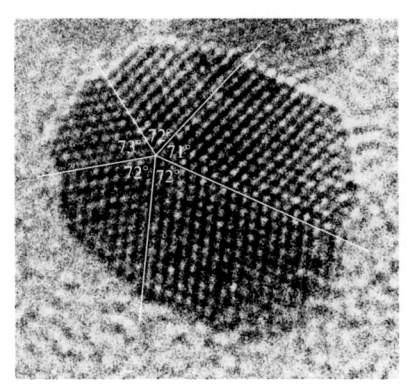
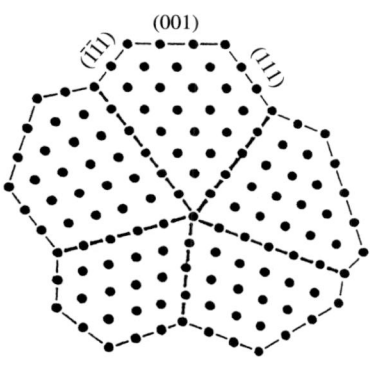

口絵 2　Au ナノ粒子の多重双晶粒子の一例を示す電子顕微鏡写真と原子配列の模式図
☞ p.32 参照.

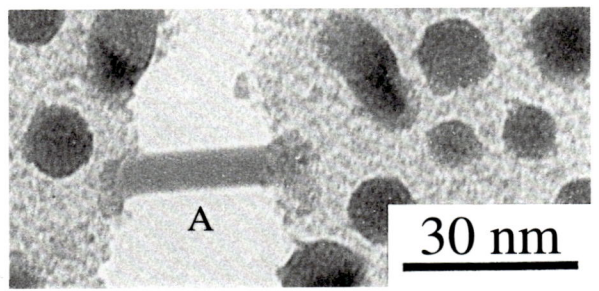

口絵 3　室温における In ナノ粒子の引っ張り変形
☞ p.47 参照.

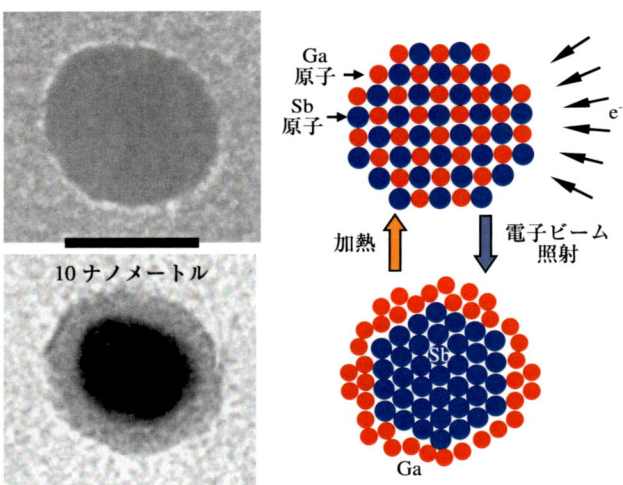

口絵 4　GaSb ナノ粒子の電子照射による相分離 [23]
☞ p.56 参照.

口絵 5　赤外吸収測定に用いられた MgO ナノ粒子
☞ p.87 参照.

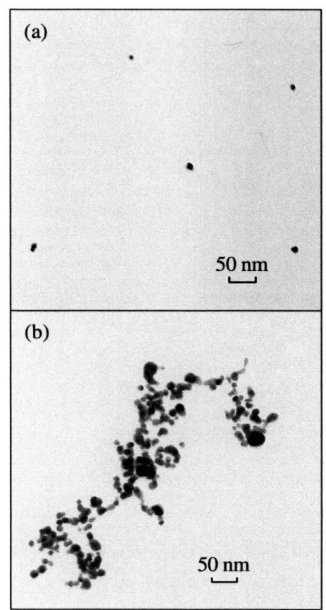

口絵 6　液相中レーザーアブレーションで作製した銀コロイド粒子の電子顕微鏡写真．(a) ポリイン溶液添加前，(b) ポリイン溶液添加後 [17]　　　　　　　　☞ p.96 参照.

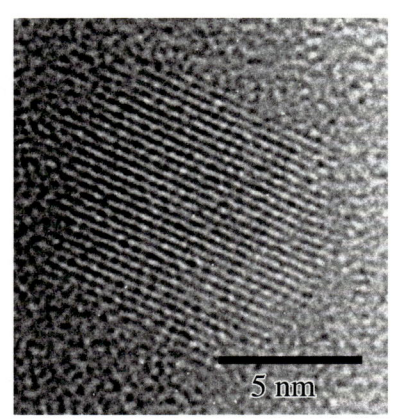

口絵 7　同時スパッタリング法で作製した，SiO$_2$ マトリックス中に埋め込まれたナノ結晶 Si の高分解能電子顕微鏡写真

☞ p.115 参照.

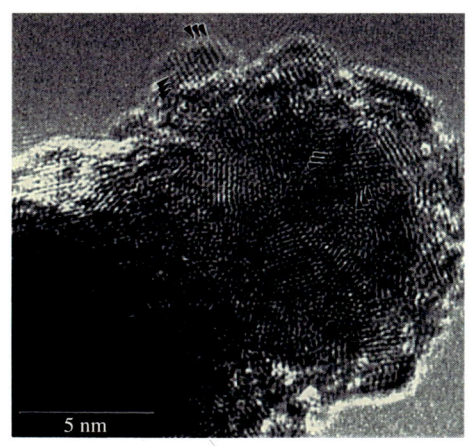

口絵 8　Co/CoO コアシェルナノ粒子の高分解透過電子顕微鏡 (HRTEM) 像

☞ p.169 参照.

ナノ学会編
シリーズ：未来を創るナノ・サイエンス＆テクノロジー 第**2**巻

ナノ粒子
物性の基礎と応用

林 真至 編著
隅山兼治・保田英洋 共著

近代科学社

◆ 読者の皆さまへ ◆

　小社の出版物をご愛読くださいまして，まことに有り難うございます．

　おかげさまで，㈱近代科学社は 1959 年の創立以来，2009 年をもって 50 周年を迎えることができました．これも，ひとえに皆さまの温かいご支援の賜物と存じ，衷心より御礼申し上げます．

　この機に小社では，全出版物に対して UD（ユニバーサル・デザイン）を基本コンセプトに掲げ，そのユーザビリティ性の追求を徹底してまいる所存でおります．

　本書を通じまして何かお気づきの事柄がございましたら，ぜひ以下の「お問合せ先」までご一報くださいますようお願いいたします．

お問合せ先：reader@kindaikagaku.co.jp

　なお，本書の制作には，以下が各プロセスに関与いたしました：

・企画：小山　透
・編集：高山哲司
・組版：LaTeX／大日本法令印刷
・印刷：大日本法令印刷
・製本：大日本法令印刷
・資材管理：大日本法令印刷
・カバー・表紙デザイン：tplot Inc. 中沢岳志
・広報宣伝・営業：冨髙琢磨，山口幸治

・本書の複製権・翻訳権・譲渡権は株式会社近代科学社が保有します．
・ JCOPY 〈(社)出版者著作権管理機構 委託出版物〉
本書の無断複写は著作権法上での例外を除き禁じられています．
複写される場合は，そのつど事前に(社)出版者著作権管理機構
（電話 03-3513-6969，FAX 03-3513-6979，e-mail: info@jcopy.or.jp）の
許諾を得てください．

シリーズ：未来を創るナノ・サイエンス&テクノロジー
刊行にあたって

　これから10年もすれば，世の中にある集積回路の線幅はナノメートルに近づきます．そのときには，原子・分子の世界そのものが，大学や研究所の理論や実験の域を離れ，実世界の工業界で使われていることでしょう．量子力学は難しいから分からない，などとは言っていられなくなります．

　とはいえ，誰もが量子力学を理解できるとは限りません．昔の車は，故障すれば個人で修理することもできました．それが今のコンピューター制御の車は，とても素人に手が出せる装置ではありません．その意味で，ナノテクノロジーが進展しても，一般人が量子力学そのものを話題にすることはないのです．逆に，より分かりやすい方策がとられるようになるはずです．

　ナノテクノロジーも同様です．アインシュタインが相対性理論を発表した当時（1905年特殊相対論，1916年一般相対論），日常生活では，ほとんどの人に気づかれることなく彼の理論がカーナビという形で活用されるようになるとは，アインシュタイン本人も含めて誰も夢にも思わなかったことでしょう．しかし，カーナビ技術に相対性理論が利用されていることは事実なのです．それを理解する一握りの人が必要なのです．それが分かるような誰かが生まれ，気を入れて勉強し，本当に大事な事柄を確実に理解して実社会に応用する．その手助けとして本書が使われるとしたら，このシリーズを企画した者としてこの上ない喜びです．

　本シリーズは，ナノ学会の出版事業の一環として，私たちと近代科学社が一緒になって企画しました．その趣旨は，次のとおりです：

　クリントン米国大統領（当時）が2000年に発表したNNI（National Nanotechnology Initiative：国家ナノテクノロジー戦略）に端を発して「ナノテクノロジー」という言葉が盛んに用いられるようになり，10年以上の歳月が経ちました．ところが，初期に期待された急激なシリコンテクノロジーからの移行は進んでおらず，最近では，フィーバーは過ぎたという認識

さえ持たれはじめています．本当にそうでしょうか．

　そもそも，ナノテクノロジーという単語自体は1974年に当時の東京理科大学の谷口紀男教授が作った造語ですし，日本が化学合成の分野で急激な進展をしていることに米国が危機感をもってNNIをはじめたというのが真実です．これは日本人が誇りにすべきことだと思います．液晶テレビの最終製品は韓国製が優位に立ちつつありますが，そこで使われている伝導性光透過膜の原料（ターゲット）は日本製です．我が国は，このような材料系基盤において世界をリードする技術立国であり，その将来像がナノテクノロジーなのです．

　ナノ学会は設立当初から，今でいう「true nano」を目指してきました．よく知られているとおり，数十ナノメートルのサイズの物質はまだバルク（固体）と同じ性質を示します．それが数ナノメートルを切るサイズになると，原子数がひとつ違えばまったく物性が異なる，いわゆる「ナノ粒子」となるのです．これらナノ粒子を集合させて新物質を創製あるいは新機能を実現しようとするのが「true nano」です．

　本シリーズは，学部3年〜修士1年の学生，ナノスケールの科学技術を学ぼうとしている一般読者などを対象に，現在の技術の延長ではない「true nano」を正しく理解してもらうことを目指して企画されました．というのも，技術立国日本の将来は，本物のナノスケール制御による新技術を使いこなせる研究者の育成にかかっているからです．

　本シリーズの各巻は，大まかに「概要の解説」と「テーマごとの解説」から構成されています．よく分からないと言われがちなナノ・サイエンス&テクノロジーの基礎的事項をまずは理解していただいたあと，最先端研究や将来展望にまで触れていただきます．もちろん，時々刻々と状況が変わり得る新技術を扱うため，"古い内容"とならないよう最新の情報まで盛り込むようにしました．

編集委員
川添良幸（代表）
池庄司民夫・太田憲雄・大野かおる・尾上　順・水関博志・村上純一

まえがき

　近年，ナノサイエンス，ナノテクノロジーは，物理，化学，生物はもとより，材料科学，エレクトロニクス，フォトニクス，医学・医療等々，様々な学問分野，技術分野を「ナノ」というキーワードで結び付け，とてつもなく広がりながら進歩しています．そのなかで，「ナノ粒子」は中心的な役割を担っていると言っても，過言ではありません．このような状況下で，新たに「ナノ粒子」について学ぼうとする学生諸君や研究者は，何から勉強を始めてよいのか，とまどっておられることと思います．本書は，そのような方々に一つのきっかけを与えることを目的とし，ナノ粒子が示す特徴的な物性について固体物理学的な観点から説明したものです．

　固体物理学の教科書と言えば，キッテル著『固体物理学入門』（C. Kittel, "*Introduction to Solid State Physics*"）があまりにも有名です．キッテルに書かれているのは，普通の大きさを持つ固体（バルク固体と呼ばれる）の物理的性質，つまり物性についての説明です．第1章「結晶構造」，第2章「波の回折と逆格子」，……といったように，固体の原子的構造や，エネルギー的な構造から始まり，その後に超伝導，光学的性質，磁気的性質，誘電的性質，……のような多岐にわたる物性について記述されています．キッテルの初版が出版されたのは1953年ですが，当時はナノサイエンス，ナノテクノロジーという言葉は存在しませんでした．しかし，2005年に出版された第8版では，コーネル大学のP. L. McEuen教授が執筆した「ナノ構造」(Nanostructures) と題する1つの章が追加されています．第8版の序文で，キッテルは「This field is the most exciting and vigorous addition to solid state science in the last ten years.」と述べており，このThis fieldとは，nanophysicsを意味しています．

　キッテルの第8版が出版されてから，もう8年も経過しますが，ナノサ

イエンス，ナノテクノロジーの勢いは止まらず，前述のようにますます広く深く発展し続けています．今や，教科書に1章を付け加えるだけで，ナノ粒子の物性を記述することは不可能です．理想的には，キッテルのバルク固体に関する各章に対応するような，ナノ粒子の物性を記述する章を設けることが必要です．

学問的にも技術的にも未解決の部分が多い現時点では，ナノ粒子の理想的な教科書を準備することは，まだ困難ですが，本書は少しでもまとまりのある「ナノ粒子」の入門書を実現したいとの思いで編集しました．第1章で，ナノ粒子に関する基本的な考え方を述べた後に，第2章で，物性の基礎の基礎とも言うべきナノ粒子の原子的構造と，ナノ粒子中での原子の動的振舞いについて述べています．第3章は光学的性質，第4章は磁気的性質といった，ナノ粒子物性の各論となっています．

ナノ粒子の物性は多岐にわたり，本書では取り上げていない重要なものも多々ありますが，本書ではむしろ項目を絞り，できるだけ丁寧に説明するよう心がけました．ただ，ナノ粒子の物性を理解するには，バルク固体の固体物理学をある程度以上理解していることが不可欠です．固体物理学は，電磁気学や量子力学を基礎として成り立っているので，それらの基礎的な知識なしでは理解できません．学問に王道はありません．理解しにくい点があれば，本書の引用文献や参考書を手掛かりにしながら，より基礎的な事項の理解を深め，その後に本書に立ち戻っていただければ，まことに幸いです．

本書が，これからナノサイエンス，ナノテクノロジーの世界に一歩を踏み出そうとしている，学生諸君や若手研究者にとって一つの道標となれば，執筆者一同の大きな喜びです．

最後に，本書の構成および内容に貴重なご助言を頂いた，東北大学名誉教授の川添良幸先生，東京工業大学准教授の尾上順先生に，厚く御礼申し上げます．また，原稿のとりまとめから出版まで大変お世話になった，近代科学社の小山透氏と高山哲司氏に，心より御礼申し上げます．

2013年6月

執筆者代表

林 真至

目 次

まえがき　　v

第1章　序　論　　1
1.1　ナノ粒子とは　　1
1.2　ナノ粒子研究の系譜　　3
1.3　ナノ粒子の何が面白いのか？　　5
1.4　ナノ粒子の作製法　　6
1.5　量子閉じ込めと久保効果　　12

第2章　ナノ粒子の形態，構造，相平衡　　23
2.1　マイクロクラスター，ナノ粒子の形態と原子構造　　23
2.2　ナノ結晶粒子によるX線・電子線の回折　　36
2.3　ナノ粒子中の拡散と相平衡　　47

第3章　ナノ粒子の光学的性質　　57
3.1　バルク固体のポラリトン　　57
3.2　球形粒子の表面ポラリトン　　67
3.3　量子サイズ効果　　100
3.4　原子・分子からマイクロクラスター，ナノ粒子へ　　118

第4章　ナノ粒子の磁気的性質　　127

 4.1　磁性の基礎 127
 4.2　マイクロクラスターの磁性 151
 4.3　ナノ粒子の磁性 164
 4.4　まとめ 177
 4.5　補足：マイクロクラスター，ナノ粒子の磁気的性質の測定方法　178

参考文献　　187
索　引　　203

第1章

序 論

要約

本書は，ナノ粒子の物性について，固体物理学的な観点から基礎的な事項について説明したものである．本章はそのなかでも，最も基礎的な導入部であり，後の章を読む上での土台となる．具体的には，ナノとは何か？ ナノ粒子とは何か？ から始めて，国内外のナノ粒子研究の歩み，ナノ粒子物性の面白さについて述べる．さらに，ナノ粒子の作製法を概説した後に，後のどの章を読む際にも共通的に必要となる「量子閉じ込め」の考え方を紹介する．

1.1 ナノ粒子とは

ナノ粒子 (nanoparticles) について述べる前に，まず「ナノ」という言葉について説明する必要がある．ナノ (nano) とは種々の単位の前に付けられる接頭語である．時間の単位である秒に付くとナノ秒 (ns)，長さの単位であるメートルに付くとナノメートル (nm) というふうになる．ナノとは10億分の1，つまり 10^{-9} を意味する．したがって，ナノ秒は 10^{-9} 秒，ナノメートルは 10^{-9} メートルである．本書で取り扱うナノ粒子とは，簡単に言ってしまえばナノメートル程度の大きさを持った粒子であるということになる．

日常生活で我々がナノメートルを実感することはほとんどない．多少なりともイメージを持っていただくために，図1.1のように地球の大きさと10円玉の大きさを比較してみよう．地球の直径は，1.3×10^{7} m 程度である．この値を 10^{-9} 倍してみると，1.3×10^{-2} m = 1.3 cm となる．これは，ほぼ10円玉の直径に相当する．もし，自分の身長を地球の直径程度に引き伸ばして巨人になったとすると，ナノ粒子とはその巨人から見るとちょうど10円

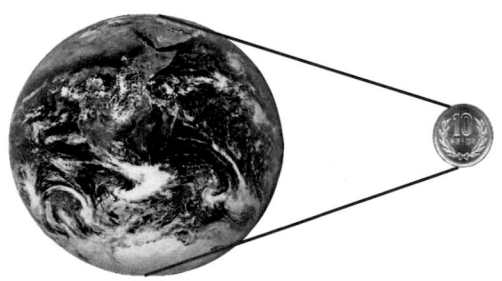

図 1.1　地球と 10 円玉（10 億倍の違い）

玉ぐらいの大きさの粒子だということになる．それぐらい小さい粒子ではあるが，その粒子を構成する原子は，さらに 1 桁程度小さい．したがって，ナノ粒子は原子の集合体であり，原子を米粒だとすると，その米粒で握ったおにぎりだということになる．

　以上の説明で，ナノ粒子の大きさについて多少のイメージが持てたかと思うが，本書で取り扱う粒子は，少し広いサイズ領域にまたがっている．図 1.2 は，通常の大きさの結晶をどんどん小さくすると，どのように呼び方が変わっていくのかを示している．通常の大きさの結晶（例えば，1 cm 程度の大きさの NaCl 結晶，つまり塩の結晶）はバルク結晶 (bulk crystal) と呼ばれる．その結晶を，乳鉢で粉砕していくと，粉状になり，通常その状態では粉末と呼ばれる．境界がはっきり決まっている訳ではないが，粉末の 1 つ 1 つの粒子の大きさは，数百 μm から数 μm 程度である．

　さらに粒子のサイズを小さくするには，乳鉢で粉砕するだけでは無理で，後述のようにそれなりの粒子作製法を用いる必要があるが，数百 nm から数 nm のサイズの粒子を作製することが可能である．このサイズ領域でも，境

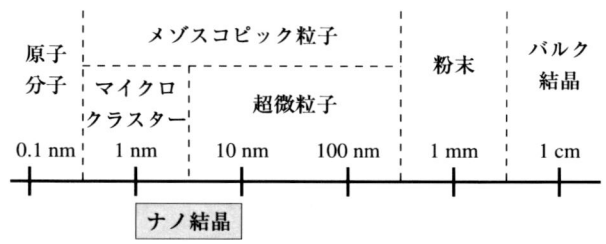

図 1.2　結晶が小さくなると呼び名が変わる？

界がはっきり決まっている訳ではないが，数百 nm から数 nm 程度のサイズを持つ粒子は，しばしば超微粒子 (fine particles) と呼ばれる．数 nm 以下で何個の原子で成り立っているかが問題になるような粒子は，マイクロクラスター (microclusters) と呼ばれる．マイクロクラスターと超微粒子をひっくるめてメゾスコピック粒子 (mesoscopic particles) と言うこともある．このときのメゾ (meso) は，湯川秀樹博士が提唱した中間子をメソン (meson) と言うように，中間を意味している．つまり，メゾスコピック粒子とは，バルク結晶と原子の中間のサイズを持つ粒子のことである．本来，ナノ粒子というと，数 nm 程度の粒子のみを指すべきであるが，本書ではもう少しサイズの範囲を広げ，超微粒子をナノ粒子と呼び，マイクロクラスターをも含むメゾスコピック粒子について基礎物性とその応用例について解説する．

1.2 ナノ粒子研究の系譜

ナノという言葉が頻繁に使われるようになったのは，2000 年以降である．特に，アメリカでは，ビル・クリントンが 42 代大統領を務めている間に，ナノサイエンス (nanoscience)・ナノテクノロジー (nanotechnology) の将来性が認識され，国家戦略として研究を進めることが決められるとともに，2001 年に予算措置が講じられた（国家ナノテクノロジーイニシアチブ）．このことによって，広くナノサイエンス・ナノテクノロジーが注目されるようになり，世界的な研究競争に火がついた．ただ，学問としてのナノサイエンス・ナノテクノロジーは，もっと早い時期から研究が開始されており，特に日本では，現在のこの分野の発展につながる萌芽的な研究が数多くなされていたことに注目すべきである[1]．

ナノサイエンス・ナノテクノロジーの重要性を最初に指摘したのは，ノーベル物理学賞の受賞者である，R. P. ファインマンだと言われている．彼は，1959 年 12 月 29 日にカリフォルニア工科大学で "There's plenty of room at the bottom" と題する講演を行った[2]．その講演で，ナノメートル程度の大きさ

---

[1] そもそも「ナノテクノロジー」という用語は，1974 年に元東京理科大学教授の谷口紀男によって提唱された．
[2] http://www.zyvex.com/nanotech/feynman.html に詳しい説明がある．

の点で文字を書くとすると，イギリスの百科事典である "Encyclopedia Britanica" 24巻すべてが針の先に収まる，といったように，ナノの世界が今後，重要性を増すという予言を行った．日本では，ファインマンの講演とほぼ同時期に，単なる予言ではなく，研究として超微粒子に関する物理的な研究が開始されている．1つは理論的なもので，東京大学の久保亮五による「超微粒子の電子状態と物性」に関する研究である [1, 2, 3]．もう1つは，実験的なもので，名古屋大学の紀本和男と上田良二による，「ガス蒸発法による超微粒子の生成」に関する研究である [4]．

久保亮五は固体物理の理論家である．彼は，1962年頃に金属超微粒子 (metal fine particles) の物性が固体物理の教科書に書いてあるようなものとは大きく異なってくることを指摘した [1,2]．実際，金属超微粒子の電子状態は離散的なものになることが予想される．また，超微粒子に1個の電子を余分に与えたり，抜き取ったりしたときに生じる静電エネルギーの増加は，室温に相当する熱エネルギーよりもはるかに大きくなるので，超微粒子では電荷の過不足は生じず，電気的中性が保たれると予想される．これらのことを考慮すると，金属超微粒子の比熱や磁性がバルク金属とは大きく異なることが理論的に導かれる．このような，久保理論によって予想される現象は，「久保効果 (Kubo effects)」と呼ばれ，その後の実験家の格好の研究テーマとなっていった．

一方，紀本と上田は実験家であり，超微粒子を実際に作成する独自の方法を1963年頃に編み出している [4, 5, 6]．これは，ガス中蒸発法 (gas-evaporation method) と呼ばれる方法である（ガス蒸発法とも呼ばれる）．後述するように，希ガスの雰囲気の中で金属等の原材料を加熱蒸発させると，いわゆる「煙」が立ち昇る．この「煙」とは，ガスの対流に沿って生成される超微粒子の流れのことである．名古屋大学のグループは，金属をはじめとする様々な物質について超微粒子を生成し，電子顕微鏡観察を行った．その結果，それぞれの物質に特有の外形（晶癖 crystal habit）を持つ微粒子が生成することや，超微粒子ではバルク金属には見られない結晶構造を持つ場合があることなどを報告した．

以上のように，日本では「久保効果」の理論，「ガス蒸発」の実験がファ

イマンの講演の直後に，本当の意味での研究として開始されており，その後，今日に至るまで脈々とその息吹が流れていることを忘れるわけにはいかない[1]．ナノの材料というとすぐに思い起こされるのは，フラーレンC_{60}やカーボンナノチューブである．フラーレンの大量合成は，W. Krätchmer らによってまさに「ガス中蒸発法」によってなされた[7]．また，カーボンナノチューブの研究に世界に先駆けて火をつけたのは，日本の飯島澄男であり，やはり合成には「ガス中蒸発」とほとんど同じガス中でのアーク放電法が用いられた[8]．研究の世界は，他の世界と同様，はやりすたりというものがある．しかし，日本のナノ研究は単に流行に乗って生まれた，取って付けたようなものではなく，今後も上述のような伝統の上に立って，日本独自の発想のもとに発展させるべきものであろう．

1.3 ナノ粒子の何が面白いのか？

上述のようにナノ粒子をナノメートル程度の大きさの粒子としておくと，このような粒子では表面が全体積に占める割合が非常に大きくなることに注意しなくてはならない．簡単のために，球形の粒子を考えよう．半径を R とすると，体積は $\frac{4\pi R^3}{3}$，表面積は $4\pi R^2$ で与えられる．表面積と体積の比は，$\frac{3}{R}$ となる．このことから，粒子の半径が小さくなればなる程，表面の占める割合が増えることが分かる．ナノメートル程度の大きさの粒子であれば，体積と表面積の比というよりも，粒子を構成する原子の総数と，粒子表面に存在する原子の数の比が問題になる．粒子が小さくなればなるほど，表面原子の割合が増えてくることになる．数ナノメートルの粒子では，ほとんどの原子が表面に存在するようになる．通常の大きさを持つ物質（バルク）の性質を議論するときは，表面の存在あるいは表面の効果は無視できる．しかし，ナノ粒子では，表面の効果は無視できず，粒子サイズが小さくなれば支配的になってくる．そうなると，粒子の性質がバルクとは随分違ってくることは想像にかたくない．

また，後に詳しく述べるが，ナノ粒子中に存在する電子は，ナノの狭い空

---

[1] 1954 年に M. Takagi が金属微結晶の融点降下に関する実験結果を報告していることも注目に値する．[*J. Phys. Soc. Jpn.* 9, pp. 359-363 (1954).]

間に閉じ込められることになる．バルク結晶の電子の波動関数は，固体物理の教科書に書かれているように，結晶中に広がったBloch波であるが，ナノ粒子では広がりが制限されてくる．つまり，ポテンシャルの井戸の中に閉じ込められた電子の様相を帯びてくる．そうなると，量子力学の演習問題でよくあるように，電子のエネルギー準位は離散的なものとなり，エネルギー値が粒子のサイズによって変化するようになる．このような効果は，通常「量子サイズ効果 (quantum size effects)」と呼ばれている．

結局，ナノ粒子では，表面の効果と量子サイズ効果が強く表れ，粒子の性質がバルクとは大きく異なってくることが予想される．このようなナノ粒子の特異な性質を学問的に調べることは，たいへん興味深く，また重要でもある．現時点でも未知の部分はあるが，大宇宙から極微の間で物質が示す階層性のなかで，ナノ粒子あるいはメゾスコピック粒子が1つの世界を築き，1つの階層を成していることが現在までの研究で明らかにされている．また，ナノ粒子の特異な性質が明らかになれば，その性質を応用すると，従来とは異なる新しい光デバイス，電子デバイス，磁気デバイス等々が開発可能になると考えられる．しかも，ナノサイズのデバイスが実現できる可能性がある．このように，ナノ粒子，メゾスコピック粒子の分野は学問的にも，実用的にもたいへん興味深い分野であると言える．

1.4 ナノ粒子の作製法

ナノ粒子を作製する方法は，千差万別であり多岐にわたる．しかし，非常に大まかに言うと，ボトムアップ的な手法とトップダウン的な手法とに分かれる．ボトムアップ的な手法とは，ナノ粒子の材料となる原子や分子から出発し，それを積み木細工のように組み立てていき，原子や分子の集合体であるナノ粒子を作り上げていく手法である．一方，トップダウン的な手法とは，サイズの大きいバルク固体から出発し，それを微細加工（ナノ加工）することによりナノメートル程度の構造を作り出す手法である．また，それぞれの手法で，物理的なプロセスを使うものと，化学的なプロセスを使うもの，あるいは両方織り交ぜて使うものがある．次節で詳しく述べるガス中蒸発法は，物理的なボトムアップ的手法であると言える．また，よく知ら

1.4 ナノ粒子の作製法　7

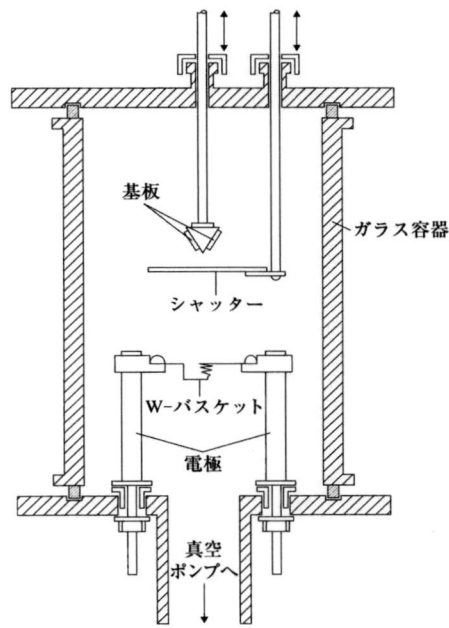

図 1.3　ガス中蒸発チャンバーの模式図

れているように，塩化金や硝酸銀の還元で金や銀のコロイド粒子 (colloidal particles) が作製されるが，これは化学的なボトムアップ的手法と言える．

近年ナノ加工技術が著しく発展し，トップダウン的手法で様々な物質のナノ構造が作製されている．その代表的なものが，電子ビームリソグラフィー (electron beam lithography) と収束イオンビーム (focussed ion beam) 加工である．以下では，ボトムアップ的手法の代表例としてガス中蒸発法，トップダウン的手法の代表例として電子ビームリソグラフィーについて，簡単に紹介する．その他の方法については，種々の参考書 [9, 10] を参照されたい．

1.4.1　ガス中蒸発法

ガス中蒸発法は日本発のオリジナルな方法であり，その後の日本でのナノ研究，さらには世界でのナノ研究に大きな影響を与えた点で，重要な意味を持っている [4, 6]．図 1.3 に，ガス中蒸発に使用されるチャンバーの概念

8　第1章　序論

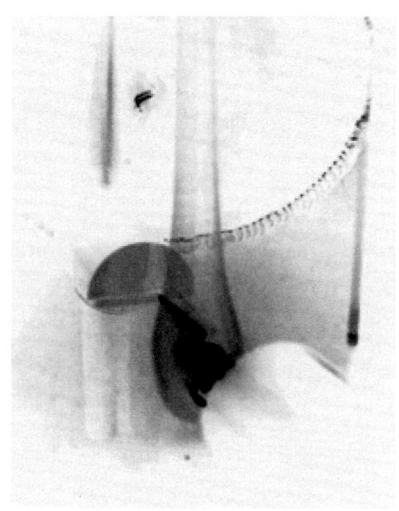

図 1.4　ガス中蒸発で発生する「煙」

図を示す．装置全体としては，真空蒸着装置にガス導入部を付加したものと考えればよい．蒸発チャンバー内には，蒸発物質を加熱するためのヒーター（図では W-バスケット），生成する超微粒子を捕集するための基板，そしてシャッターを配置する．ガスとしては，通常 Ar, He, Xe などの希ガスを用いる．ガス圧は，通常数 Torr から数百 Torr に設定する[1]．

たとえば銀のナノ粒子を得たい場合には，銀の塊をヒーターの上に置き，適当なガスを封入した後に，ヒーターを通電加熱し，銀を加熱する．そうすると，チャンバー内には，ロウソクの炎の形に似た，いわゆる「煙」が立ち昇る．この「煙」を実際に撮影した写真が図 1.4（GaP 超微粒子の煙）で，「煙」を模式的に示したものが図 1.5 である．この煙は，ガスの対流を可視化したものとみなせるが，対流に乗って粒子が上昇して行く際に，微結晶[2]の成長が起こる．

通常，ガス中蒸発では，3 つのプロセスを経て微結晶が成長すると言われ

---

[1] 1 Torr ≈ 133 Pa．
[2] 本書では，ナノ粒子の結晶性を強調する場合には，微結晶という用語を用いる．また数 nm 程度の大きさの微結晶をナノ結晶と呼ぶ．

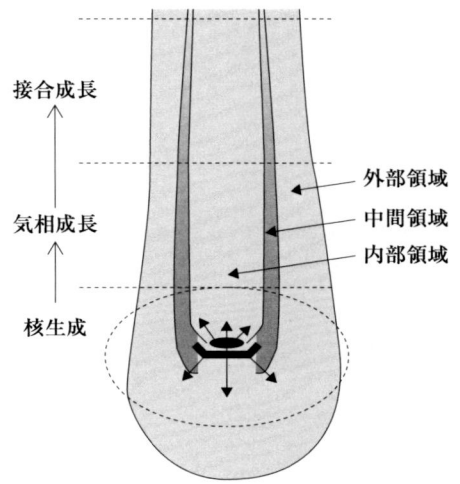

図 1.5 煙の模式図と粒子成長

ている．その第一は，**核生成 (nucleation)** である．ヒーターから蒸発した原材料の原子は，ある程度の運動エネルギーを持って飛び出すが，ガスの分子と衝突することによって減速され，原子どうしが衝突することにより結晶成長のもととなる核（マイクロクラスター）を形成する．これは，ヒーターの近傍の空間で生じる．

第二のプロセスは，**気相成長 (vapor growth)** である．第一のプロセスでできる核は，対流に乗って上昇するが，ある程度の高さに達するまでは，まだヒーターから飛び出す原子が存在しており，それらの原子を取り込みながら核は次第にサイズを大きくし微結晶となっていく．このプロセスは，いわば雪だるまを大きくするプロセスと似ており，蒸発原子をどんどん取り込みながら，微結晶が雪だるま式に大きくなっていくプロセスだと言える．

第三のプロセスは，微結晶の成長に特有の「**接合成長 (coalescence growth)**」と言われるプロセスである．気相成長で，ある程度まで成長した微結晶は，ガスの対流に乗ってさらに上昇していくが，ある程度の高さまでいくと，もはやヒーターからの蒸発原子が到達しなくなる．そこで，粒子成長がストップすると思えるかもしれないが，実はさらに結晶成長が進

図 1.6 ガス中蒸発法で作成した ZnO ナノ粒子

む．なぜなら，今度は微結晶どうしが衝突すると 2 つの微結晶が合体して 1 つになるからである．これが接合成長である．このような微結晶どうしの接合は，温度が十分高いと生じ，微結晶に特有の現象である．接合成長した微結晶は，対流に乗ってさらに上昇するが，やがて温度が低い場所に到達すると，接合が起こらなくなる．そこで，ついに微結晶の成長は終了することになる．

　上述のようなメカニズムによって，微結晶が成長するので，煙のどの位置で微結晶を捕集するかによって，微結晶のサイズ，形状（晶癖），濃度等が異なってくる．まずは，捕集の高さが高いほど，サイズが大きくなることは，上述のメカニズムによって十分納得できる．煙を横方向に見ていくと，図 1.5 にあるように内部領域，中間領域，外部領域に分かれる．中間領域が

最も粒子の密度が高く，粒子どうしの衝突の確率が高い部分で，煙の写真ではこの部分が主に写っている．内部領域，外部領域は粒子密度が小さい領域である．やはり，上記のメカニズムから考えても，衝突回数が多い中間領域で粒子成長が活発に行われ粒子サイズが最も大きく，内部，外部領域ではサイズが小さい．さらに，過去の研究で明らかにされていることは，中間領域で生成する粒子が，非常にきれいな形状を示すということである．

ガス中蒸発法で作成される超微粒子の一例として，図 1.6 に ZnO ナノ粒子の電子顕微鏡写真を示す．写真には，テトラポット状の粒子や針状の粒子が見られる．ZnO ナノ粒子がこのような形状をとるのは，もともとの結晶構造に由来しているが，電子顕微鏡下で見られるガス中蒸発粒子が示す美しい形状が，研究者を魅了したものと思われる．ガス中蒸発法で生成する超微粒子のサイズは使用するガスの種類，ガス圧，ヒーターの温度によって変わる．軽いガス（He ガス）を使用するほうが，小さい超微粒子が得られる．また，ガス圧が低いほうがサイズは小さくなる．ヒーター温度も低いほうが，小さい粒子が得られる．これらのパラメーターと，煙の捕集位置との組合せによって，得られる超微粒子のサイズや形状の制御が可能となる．

1.4.2 電子ビームリソグラフィー

電子線は，透過型電子顕微鏡や走査型電子顕微鏡で用いられていることからも分かるように，数 nm 程度のビームに絞ることができる．電子ビームリソグラフィーは，そのような電子ビームをレジストと呼ばれる材料に照射し，ナノ構造のパターンを形成し，そのパターンを必要とする物質に転写することによって，ナノ構造を作製する方法である．物質の種類によって作製プロセスの詳細は異なるが，ここではガラス基板上に金や銀のナノ構造を作製するプロセスを，簡単に紹介する．

実際のプロセスは，図 1.7 に示したようなものである．まずガラス基板上に，レジストの薄膜を作製する．通常，レジスト材料は高分子材料であり，スピンコート法によって薄膜ができる．次に，レジスト膜が乗った基板を，電子線描画装置にセットする．電子線描画装置は，コンピュータープログラム（CAD）で設計した構造パターンに基づいて，電子線をオンオフしな

12　第1章　序　論

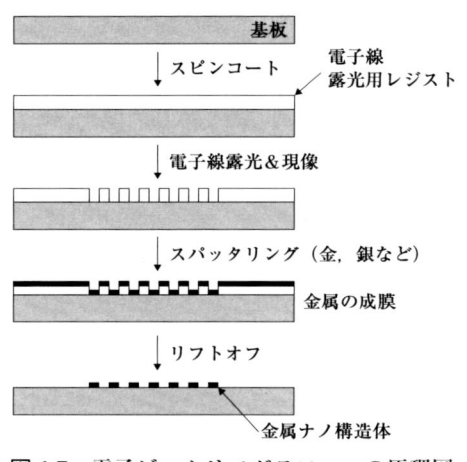

図 1.7　電子ビームリソグラフィーの原理図

がら，レジスト表面を走査できる装置である．レジストにはポジ型とネガ型があり，ポジ型では電子照射を受けた部分が変質し現像液によって溶解するが，ネガ型では逆に溶解せずに残り，電子照射されていない部分が溶解する．いずれにせよ，電子線露光の後，現像液で処理すると，図 1.7 の 3 段目のようにレジストのナノ構造が基板上に形成される．金属のナノ構造を作製する場合には，レジストパターンの上から金属の膜をスパッタリング法などで乗せる．最後に，レジスト膜の部分を溶かして除去するリフトオフと呼ばれる処理を行うと，金属ナノ構造が形成される．

　以上が電子ビームリソグラフィーの概要であるが，この方法により，様々なナノ構造のパターンを比較的自由に作製することが可能で，特に周期的な構造を作製するのに適している．一方で，大面積の試料を短時間で作製したり，大量生産したりするのには不向きである．

1.5　量子閉じ込めと久保効果

　本書では，後の章でしばしばナノ粒子での量子論的な効果，つまり「量子閉じ込め効果 (quantum confinement effects)」が，ナノ粒子の物性を支配する効果として述べられる．ここでは，まずその準備として，球対称のポテ

ンシャルの影響下で運動する粒子の量子状態についてまとめた後に，無限に高い障壁を持ったポテンシャル井戸による閉じ込め効果について，まとめておく．

1.5.1 球対称ポテンシャルにとらえられた粒子の量子状態

一般に，質量 m の粒子が球対称ポテンシャル $V(r)$ の影響下で運動するときのハミルトニアンとシュレーディンガー方程式は，以下のように与えられる．

$$H = -\frac{\hbar^2}{2m}\Delta + V(r) \tag{1.1}$$

$$H\psi(r) = E\psi(r) \tag{1.2}$$

ここでは，特に粒子が何であるかは特定せず，ポテンシャルが粒子の位置座標の絶対値 r のみに依存する，つまり球対称であることだけを仮定する．このような場合には，x, y, z 座標系よりも極座標系 r, θ, ϕ を用いて議論するほうが便利である．それぞれの座標系は，$x = r\sin\theta\cos\phi$, $y = r\sin\theta\sin\phi$, $z = r\cos\theta$ の関係で結ばれている．

(1.1) 式のハミルトニアンを極座標系で表すと，

$$H = -\frac{\hbar^2}{2mr^2}\frac{\partial}{\partial r}\left(r^2\frac{\partial}{\partial r}\right) - \frac{\hbar^2\Lambda}{2mr^2} + V(r) \tag{1.3}$$

のようになり，Λ は，

$$\Lambda = \frac{1}{\sin\theta}\left[\frac{\partial}{\partial\theta}\left(\sin\theta\frac{\partial}{\partial\theta}\right) + \frac{1}{\sin\theta}\frac{\partial^2}{\partial\phi^2}\right] \tag{1.4}$$

で与えられる．球対称の問題では，波動関数を r, θ, ϕ の関数に変数分離することができて，

$$\psi(r, \theta, \phi) = R(r)\Theta(\theta)\Phi(\phi) \tag{1.5}$$

のように書ける．シュレーディンガー方程式の解は，主量子数 $n (= 1, 2, 3, \cdots)$，方位量子数 $l (= 0, 1, 2, \cdots)$ および磁気量子数 $m (= -l, -l+1, \cdots, 0, \cdots, l-1, l)$ によって区別される．θ, ϕ に依存する部分をまとめると，

$$Y_l^m(\theta, \phi) = \epsilon \left[\frac{(2l+1)}{4\pi} \frac{(l-|m|)!}{(l+|m|)!} \right]^{\frac{1}{2}} e^{im\phi} P_l^m(\cos\theta) \tag{1.6}$$

となる．これは通常，球面調和関数 (spherical harmonics) と呼ばれる関数である．$P_l^m(\cos\theta)$ は，随伴ルジャンドル関数 (associated Legendre function) である．ϵ は，$m \geq 0$ については $\epsilon = (-1)^m$ で与えられ，$m \leq 0$ については $\epsilon = 1$ で与えられる．種々の l, m の値に対するこれらの関数の具体的な形は，量子力学の教科書 [11] 等に記載されている．

動径関数 $R(r)$ に対しては，$u(r) = \frac{R(r)}{r}$ を導入すると，$u(r)$ の満たすべき方程式として，

$$-\frac{\hbar^2}{2m} \frac{d^2 u}{dr^2} + \left[V(r) + \frac{\hbar^2}{2m} \frac{l(l+1)}{r^2} \right] u = Eu \tag{1.7}$$

が導かれる．この式から分かるように，$u(r)$ の具体的な関数形とエネルギーの固有値は，ポテンシャル $V(r)$ が具体的に与えられてはじめて求まる．以下では，典型的な 2 つの場合を考える．

1.5.2 水素原子の電子状態

まず，ポテンシャル $V(r)$ がクーロン引力のポテンシャルの場合を取り上げる．具体的には，質量が m で $-e$ の電荷を持つ電子 1 個が $+e$ の電荷を持つ原子核の周りを運動している水素原子を考える（原子核は固定されているとする）．電子の感じるクーロンポテンシャルは，$V(r) = -\frac{e^2}{r}$ と書ける．このとき，エネルギーの固有値は，主量子数 n のみに依存し，

$$E_n = -\frac{Ry}{n^2}, \quad n = 1, 2, 3, \cdots \tag{1.8}$$

で与えられる．ここで，Ry はリュードベリエネルギー (Rydberg energy) であり[1]，ボーア半径 (Bohr radius) $a_B = \hbar^2/me^2$ を用いると，$Ry = e^2/2a_B$ で与えられる．プランク定数，電子の質量，電荷量の値を代入して計算すると，$a_B = 5.292 \times 10^{-2}$ nm, $Ry = 13.60$ eV が得られる．

水素原子の電子状態は，量子数 n, l, m_l によって区別される．$n = 1$ に対応

---

[1] イオン化エネルギーとも呼ばれる．

1.5 量子閉じ込めと久保効果 15

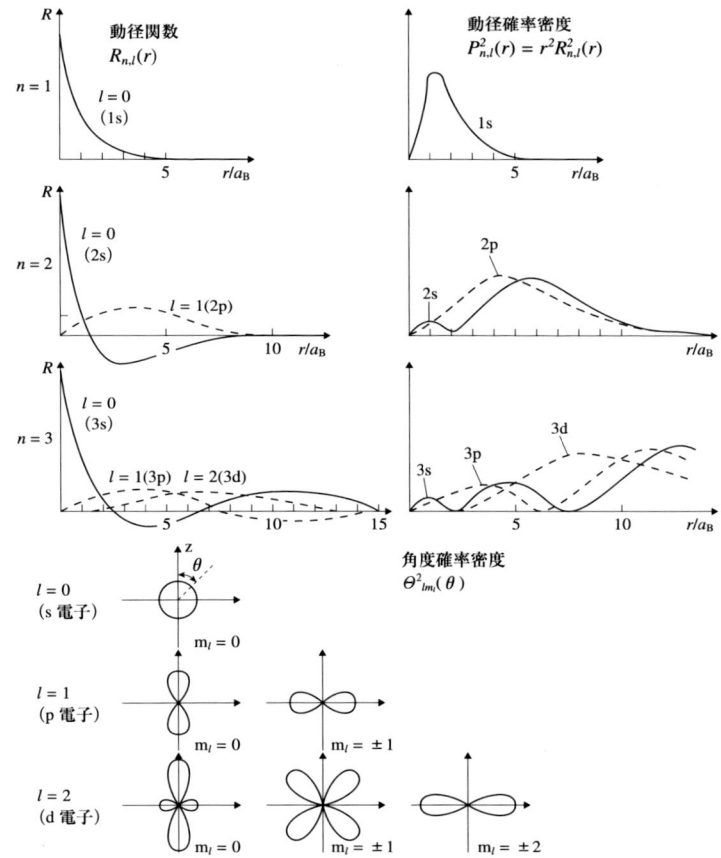

図 1.8 水素原子の波動関数の模式図．動径関数，動径確率密度，角度確率密度を示している．

するエネルギーが最低の状態（基底状態）から，$n = 2, 3, 4, \cdots$ に対応するエネルギーの高い状態を，順に K，L，M，N，$\cdots$ 殻と呼ぶ．また，$l = 0, 1, 2, 3, \cdots$ の状態を，s, p, d, f, $\cdots$ 軌道と呼び，両者を合わせて，1s, 2s, 2p, 3s, 3p, 3d, 4s, 4p, 4d, 4f, $\cdots$ と表示する．

図 1.8 は各量子数の値に依存して，波動関数がどのように振る舞うのかを模式的に示している．図示されているのは，動径関数 $R_{nl}(r)$，動径確率密度 $r^2 R_{nl}^2(r)$，角度確率密度 $\Theta_{lm_l}^2(\theta)$ である．図から分かるように，n は原子核か

らの距離に関する指標である．$n=1$ の状態では，電子の空間的広がりは原子核に最も近接しており，正電荷の影響が一番強く，エネルギーが最も低い．$n=2,3,\cdots$ となるにしたがい，電子の確率分布は原子核から遠ざかり，エネルギーが高くなる．l は θ 方向に対する分布を表し，1つの n の値について，$l<n$ という制約（l は，$0,1,\cdots,n-1$ の値を取り得る）の下で，l が大きくなるほど，電子の存在確率は特定の θ 方向に分布する．m_l は z 軸に対する配向性を表し，制約 $|m_l|\leq l$（m_l は $-l,-l+1,\cdots,-1,0,1,\cdots,l-1,l$ という $2l+1$ 個の値を取り得る）の下で，同じ l の場合，m_l が大きいほど z 軸から離れた方向に分布する．m_l を磁気量子数と呼ぶのは，後述するように，磁気的な状態を区別する物理量であることに由来する．また，m_l の正負の符号は，左回りと右回りの回転の向きがあることに対応する．

さらに，原子を太陽系に例え，原子核を太陽，電子を惑星とみなしたとき，惑星の自転運動に相当する電子の運動量（スピン；絶対値 $s=\frac{1}{2}$）が存在する．電子の自転が 2 方向あることに相当して，正負の状態 $m_s=\pm\frac{1}{2}$ が存在する（m_l や m_s は，ベクトル l, s の z 軸成分とみなせる）．なお，説明は省略するが，相対論的量子力学によれば，電子の基本的な性質として質量や電荷と並びスピンの概念が自然に導入される．

1.5.3 球対称ポテンシャル井戸による閉じ込め

次に，以下の式で与えられるような無限に高い障壁を持つ球対称ポテンシャル井戸を考える．

$$V(r) = \begin{cases} 0 & (r\leq a) \\ \infty & (r>a) \end{cases} \tag{1.9}$$

この場合には，粒子は $r\leq a$ の空間に完全に閉じ込められ，エネルギーの固有値は n, l で区別される離散的な値をとる．

$$E_{nl} = \frac{\hbar^2 \chi_{nl}^2}{2ma^2} \tag{1.10}$$

ここで，χ_{nl} は l 次の球ベッセル関数 (spherical Bessel funciton) の n 番目のゼロ点の位置を表している．χ_{nl} の具体的な値も，量子力学の教科書 [11] 等

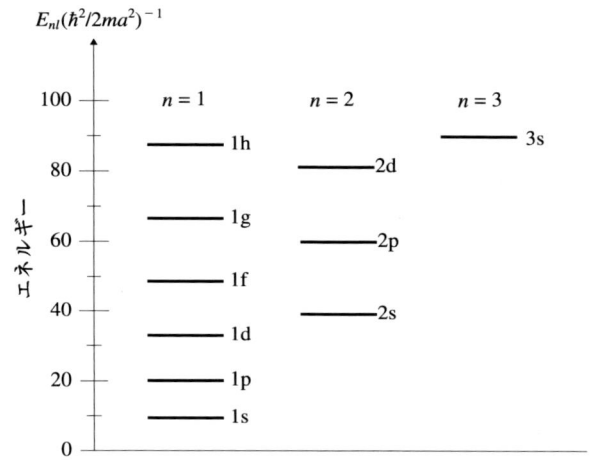

図 1.9 無限に高い障壁を持つ球形ポテンシャル井戸にとらえられた粒子のエネルギー準位

に記載されている．固有値 E_{nl} に対応する波動関数は，

$$\psi_{nlm}(r,\theta,\phi) = A_{nl} j_l(\chi_{nl}\frac{r}{a}) Y_l^m(\theta,\phi) \tag{1.11}$$

で与えられる．ここで，A_{nl} は規格化のための定数，$j_l(\chi_{nl}\frac{r}{a})$ は l 次の球ベッセル関数である．(1.10) 式で与えられるエネルギー E_{nl} の値を，$\hbar^2/2ma^2$ を縦軸の単位量にとって図示したものが，図 1.9 である．通常，$l = 0, 1, 2, 3, 4,$ $\cdots$ に対応するエネルギー準位は，水素原子の場合と同様に記号 s, p, d, f, g,（以下アルファベット順）をつけて表記することになっている．図 1.9 では，それらの記号を付して，$\chi_{nl}^2 < 100$ の範囲内に存在する準位について示している．

1.5.4 立方体ポテンシャル井戸による閉じ込め

ここでは，箱型ポテンシャル井戸による粒子の閉じ込めを考える．まず，簡単のために 1 次元の問題を考え，閉じ込めのポテンシャルは以下のように与えられるとする．

$$V(x) = \begin{cases} 0 & (0 \leq x \leq L) \\ \infty & (0 < x,\ x > L) \end{cases} \tag{1.12}$$

このポテンシャルに対するシュレーディンガー方程式の解は,

$$\psi_{k_x}(x) = \sqrt{\frac{2}{L}} \sin(k_x x) \tag{1.13}$$

と書ける．この波動関数は境界条件 $\psi_{k_x}(L) = 0$ を満たす必要があるので，k_x は離散的な値をとり，$n_x = 1, 2, 3, \cdots$ により $k_x = \frac{\pi}{L} n_x$ のように与えられる．また，エネルギーの固有値は，

$$E_{n_x} = \frac{\hbar^2}{2m}\left(\frac{\pi}{L} n_x\right)^2 \tag{1.14}$$

となる．

上述の結果を，一辺の長さが L の3次元の立方体ポテンシャルの場合に拡張すると，波動関数は，

$$\psi_{k_x k_y k_z}(x, y, z) = \left(\frac{2}{L}\right)^{\frac{3}{2}} \sin(k_x x) \sin(k_y y) \sin(k_z z) \tag{1.15}$$

と書ける．ただし，$n_x, n_y, n_z = 1, 2, 3, \cdots$ により，$k_x = \frac{\pi}{L} n_x, k_y = \frac{\pi}{L} n_y, k_z = \frac{\pi}{L} n_z$ となる．また，エネルギーの固有値は，

$$E_{n_x n_y n_z} = \frac{\hbar^2}{2m}\left(\frac{\pi}{L}\right)^2 (n_x^2 + n_y^2 + n_z^2) \tag{1.16}$$

で与えられる．

以上から分かるように，立方体ポテンシャル井戸に閉じ込められた粒子の量子状態は，整数の組 $n_x n_y n_z$ で区別され，エネルギーは図1.10に示したように離散的な値をとる．図中の p の値は，各量子状態の縮退度である．たとえば，$n_x n_y n_z$ の組，311,131,113 に対応する状態のエネルギーは同じ値をとる．つまり，この状態は3重に縮退しており，$p = 3$ である．図に示されている各準位間のエネルギー差は，(1.16)式から分かるように，L^{-2} に比例しており，L の減少とともに増大することに注意を要する．

1.5 量子閉じ込めと久保効果

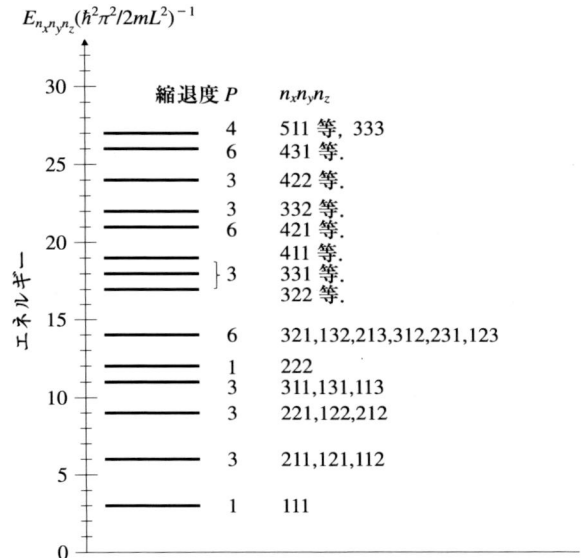

図 1.10　無限に高い障壁を持つ立方体ポテンシャル井戸にとらえられた粒子のエネルギー準位

1.5.5 久保効果とは？

今まで述べてきたポテンシャル井戸による閉じ込め効果は，量子力学の単なる演習問題と受け止められるかもしれない．しかし，実はそうではなく，ナノ粒子は現実に閉じ込め効果を発現させる格好の場を提供する．1.2 節に述べたように，久保はいち早くこのことに気づき，1962 年に論文を発表している [2]．久保によれば [1, 2]，ナノ粒子では，1) 電子状態の離散性が顕著になること，2) 1 つ 1 つの粒子で電気的中性が保たれること，の 2 つに起因して，バルク物質とは異なる物理的性質が現れる．このような効果をひっくるめて，**久保効果** (Kubo effects) と呼ぶ．

(1.10) 式や (1.16) 式から明らかなように，ナノ粒子に電子が閉じ込められているとすると，エネルギー準位は離散的になり，また粒子サイズの減少とともに準位間のエネルギー差が大きくなる．今，金属のナノ粒子を想定すると，絶対零度ではフェルミ準位 E_F まで電子が詰まっている．フェルミ準位

日本語でナノは何？

　従来より，日本は外国発の科学技術を取り込んで，それを精密化，高度化し産業化することには長けているが，日本独自に新しい物を生み出す力は弱いと言われている．しかし，日本のナノ研究は1960年代から始められており，世界を一歩リードしていると言っても，過言ではない．やはり日本独自の発想で，独自のナノ研究が発展することを願っている．

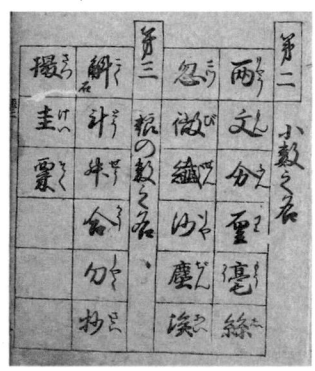

『塵劫記』の一部（少数の名）
阪本龍門文庫所蔵，奈良女子大学附属図書館画像提供

　そのような思いを巡らしている間に，ある日ふと「ナノは日本語では何と言うのだろう？」との疑問が湧いた．答えがすぐに見つかったわけではないが，宇宙物理の入門書 [12] を読んでいるときに，はたとその答えに出くわした．その入門書は，自然界に階層性があることを説明し，大きい数字から小さい数字まで表現できる「十の何乗」という表現が，江戸時代の和算の書である『塵劫記』に出ていることを紹介していた．塵劫記は，1627年に吉田光由によって執筆され，当時ベストセラーかつロングセラーになったらしい．上図は，画像データーベース[1]からコピーしてきた塵劫記の一部である．「大数の名」のところでは，我々がよく知っている，一，十，百，千，万，億，兆，京から始まり，途中は省略するが，最後は無量大数となっている．「無量大数 = 10^{88}」である！　図の，右側が「少数の名」であるが，「微」= 10^{-6}，「繊」= 10^{-7}，「沙」= 10^{-8}，「塵」= 10^{-9}，「埃」= 10^{-10} を表している．結局，ナノは「塵」であるとの結論になる．ナノサイエンス，ナノテクノロジーは，塵科学，塵技術ということになる．

---

[1] http://mahoroba.lib.nara-wu.ac.jp/y05/html/380/

近傍でのエネルギー準位の間隔は，$\delta \sim E_F/N$ と見積もられる．ここで，N は，粒子に含まれる電子の数である．E_F は数 eV 程度，$N = 10^4$ 程度とすると，$\delta \sim 1 \times 10^{-4}$ eV 程度となる．これを，熱エネルギー (kT) に換算すると，$T = 1$ K 程度の温度に相当する[1)]．$\delta > kT$ の条件が満たされると，熱擾乱の影響に打ち勝って，エネルギー準位離散化の効果が顕著に表れる．十分に小さい粒子が十分に低い温度下に置かれると，このような状態が実現されることが期待できる．

一方で，電磁気学によれば，半径 a の金属粒子で，電子 1 個の過不足が生じたとすると，それに伴う静電エネルギーの増加分は，$W = \frac{e^2}{2a}$ で与えられる．$a \sim 5$ nm で $W \sim 0.13$ eV，$a \sim 50$ nm で $W \sim 0.013$ eV と見積もられる．また，室温に対応する熱エネルギーは，$kT = 0.025$ eV である．したがって，十分小さい粒子では，室温でも電子の過不足が生じる確率は極めて小さく，電気的中性が保たれることが期待される．以上のように，久保効果はナノ粒子で十分に起こり得る効果であり，久保の論文 [2] が後のナノ粒子に関する様々な研究を促す大きな引き金となったことに疑いはない．

[1)] 1 K ≈ 8.6×10^{-5} eV.

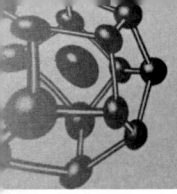

第2章

ナノ粒子の形態, 構造, 相平衡

> **要約**
>
> 一般に,物質の物性(物理的性質)を決定づける最も大きな要素は,原子的な構造にあると言っても過言ではない.本書で取り扱うメゾスコピック粒子においても,その事情は全く同じである.この章では,マイクロクラスターおよびナノ粒子の原子的な構造,それによって決まる形態,さらにナノ粒子に特有の原子の拡散,相平衡等について,基礎的事項を概説する.

2.1 マイクロクラスター,ナノ粒子の形態と原子構造

本節では,マイクロクラスターおよびナノ粒子の形態がどのような要因によって決まるのか,特に原子的構造の面から考察する.

2.1.1 マイクロクラスターの殻構造

1.1 節で述べたように,**マイクロクラスター (microcluster)** は原子数が 10^3 個程度以下の原子集団からなる.そのようなマイクロクラスターでは,内部に存在する原子数に比べて表面に存在する原子数が著しく増加する.表面原子数が内部の原子数より多いことから,1原子数当たりの結合エネルギーが全原子数 N に依存して大きく変化する.全結合エネルギー E_N が,全原子数 N に比例するエネルギー E_V と,表面原子数に比例するエネルギー E_S によって与えられるとすると,1原子当たりの結合エネルギー E_N/N は,以下のように表される.

$$\frac{E_N}{N} = E_V - E_S N^{-\frac{1}{3}} \qquad (E_V > 0, E_S > 0)$$

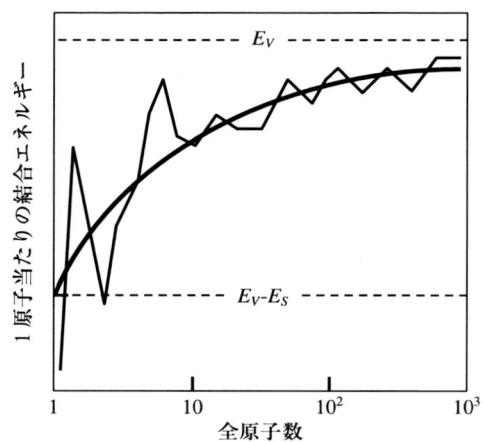

図 2.1 1 原子当たりの結合エネルギーの全原子数依存性を示す模式図．原子数 $N\sim 1-10^3$ の領域で，その変化が大きい．

図 2.1 はこの式を模式的に示したものである．図中の滑らかな曲線のように，1 原子当たりの結合エネルギーは，原子数 $N\sim 1-10^3$ の領域で，N に依存して大きく変化する．希ガスクラスターやアルカリ金属クラスターは，**電子の殻構造** (electronic shell) を考慮しない場合は，この傾向を示す．金属クラスターに，後に述べる**量子効果** (quantum effect)（電子の殻構造）を取り入れると，図中の折れ曲がった線のように，振動的な構造が重畳して，複雑な全原子数依存性が表れる．これらの事実は，マイクロクラスターの安定構造はサイズや表面状態に敏感であり，マイクロクラスターは反応性が高いことを示している．

希ガス原子の電子分布は球形であり，原子どうしが 2 体間相互作用 (two-body interaction) をするために，希ガス原子がマイクロクラスターを形成すると，典型的な殻構造をとる．希ガスマイクロクラスターが，できるだけ球状になるように，すなわち，表面原子の割合をできるだけ小さくするように原子を配置させたとき，正 20 面体を構成する．図 2.2 に示すように，そのときの原子数は，13, 55, 147, 309, 561,… と不連続に増加し，**原子の殻構造** (atomic shell structure) を形成していく．このような原子数は**マジック数**

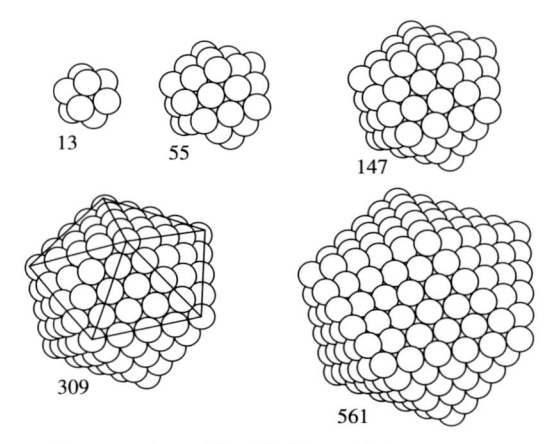

図 2.2 正 20 面体を構成する原子クラスター

(magic number) と呼ばれる．

図 2.3 は O. Echt ら [1] によって報告された，Xe マイクロクラスター (Xe microcluster) の質量スペクトルを示している．**質量スペクトル (mass spectrum)** 中のある原子数のピークの高さは，その原子数で構成されたマイクロクラスターの存在比率に対応しており，ピークがより高いほど，より多くのマイクロクラスターが存在することになる．図 2.3 をよく見ると，スペクトルの上部に示されている特別の原子数のピークが高くなっているが，原子数が 1 つ増えた隣のピークが急に下がり，段差を形成していることが分かる．このような段差が現れるのは，マイクロクラスターが安定な構造を持っていることの証拠と考えられ，段差の 1 つ手前のピークに対応する原子数が，マジック数を与える．図 2.3 では，上述の正 20 面体に基づく殻構造のマジック数に加えて，fcc 構造の殻[1]を構成するときの原子数である $13, 19, 43, 55, 79, 87, 135, \cdots$ が含まれていることが分かる．

金属クラスターにおいても同様にマジック数が観測されるが，これは価電子に対して殻構造を適用することにより説明される．図 2.4 は，I. Katakuse

---

[1] fcc 構造の殻とは，fcc 結晶から切り出した立方 8 面体構造からなる安定なクラスターの構造を示す．

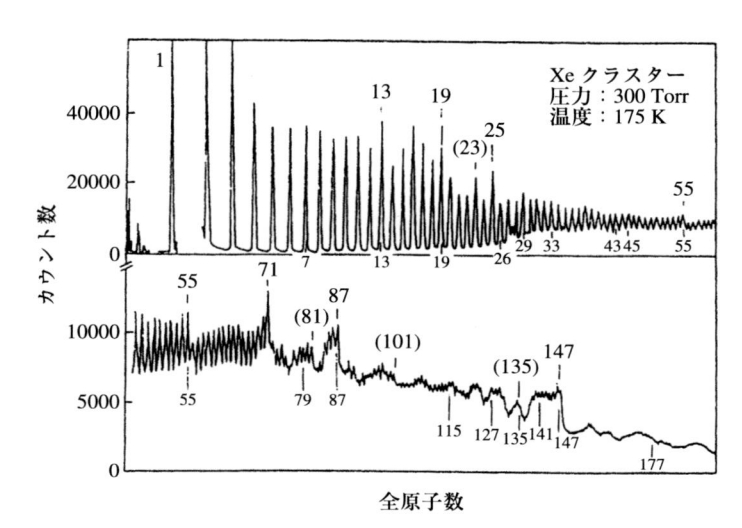

図 2.3 Xe 原子クラスターの質量スペクトル．原子の殻構造を形成するマジック数に加えて，fcc 構造の殻を構成するときの原子数である 13, 19, 43, 55, 79, 87, 135, ⋯ が含まれている [1].

ら [2] が報告した Cu マイクロクラスター (Cu microcluster) の質量スペクトルである．図から分かるように，原子数が 20 程度までは偶数/奇数による振動が認められるが，価電子数 8, 20, 40, 58 に急激な減少がマジック数として観測される．このようなマジック数は，3 次元井戸型ポテンシャル中の 1 粒子エネルギー準位を，電子がエネルギーの低い準位から順番に占有するときに，電子に対して殻構造が形成されることで，説明できる．実際，1.5.3 項で述べたように，無限に高い障壁を持つ球対称ポテンシャルに閉じ込められた粒子のエネルギー準位は，低エネルギー側から 1s, 1p, 1d, 2s, 1f, 2p, 1g, ⋯ の状態で与えられ，マジック数はこうした殻に電子を充填することに対応する．価電子数 8, 20, 40, 58 は，それぞれ 1p, 2s, 2p, 1g 殻を充満させたときの電子数である．

以上に述べたように，マイクロクラスターにおいては，原子の殻構造と電子の殻構造によりマジック数が生じ，構造の安定性が決まる．

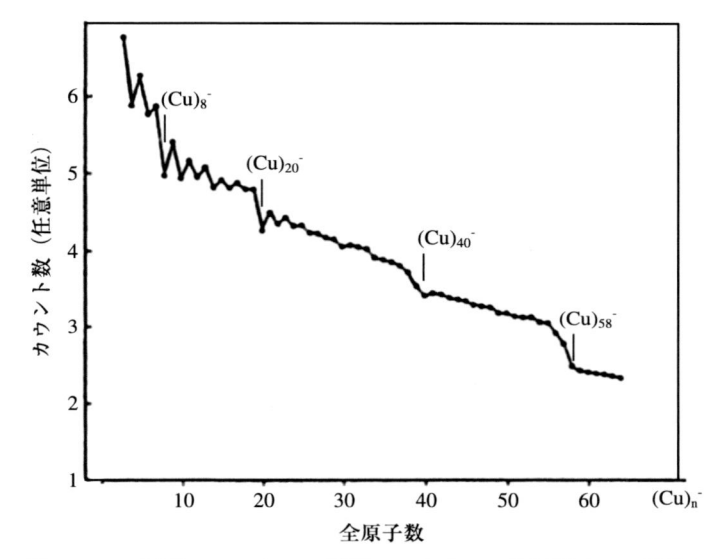

2.1 マイクロクラスター，ナノ粒子の形態と原子構造

図 2.4 Cu 原子クラスターの質量スペクトル．原子数が 20 程度までは偶数/奇数による振動が認められるが，価電子数 8, 20, 40, 58 に急激な減少がマジック数として観測される [2]．

2.1.2 マイクロクラスターの結合状態とサイズ依存性

原子間の結合のポテンシャルエネルギーは，一般的に原子間距離の関数として与えられる．希ガス結晶のポテンシャルエネルギーは，レナード・ジョーンズポテンシャル (Lennard-Jones potential) によって以下のように示される．

$$V_{ij} = -\frac{C_6}{r_{ij}^6} + \frac{C_{12}}{r_{ij}^{12}} \tag{2.1}$$

ここで，r_{ij} は原子間距離，C_6, C_{12} は力の定数である．また，金属の場合，以下のモースポテンシャル (Morse potential) が用いられる．

$$V_{ij} = D\{e^{-2\alpha(r_{ij}-r_0)} - 2e^{-\alpha(r_{ij}-r_0)}\} \tag{2.2}$$

r_0 は原子間の平衡核間距離，D, α, は定数である．$r_{ij} = r_0$ のとき，$V_{ij} = -D$ となり，D は**解離エネルギー** (dissociation energy) である．イオン結晶にお

いてポテンシャルエネルギーは，クーロン相互作用 (Coulomb interaction) によって表され，以下のようになる．

$$V_{ij} = -\frac{e_i e_j}{r_{ij}} + \frac{b}{r_{ij}^n} \qquad (2.3)$$

ここで，第1項は原子間引力であり，電荷 e_i, e_j 間のクーロン相互作用を，第2項は反発力であり，b, n は定数である．

希ガス原子のクラスターは，ファン・デル・ワールス力 (van der Waals force) による単純な2体間相互作用によるレナード・ジョーンズポテンシャルによって記述できる．金属クラスターは，2体間相互作用だけでは説明できず，電子の非局在化による引力とコアの斥力により原子の平衡位置が決定され，モースポテンシャルによって記述される．異なる原子の相互作用は，クーロンポテンシャルにより表される．

マイクロクラスターにおいては，バルクのように原子の種類による結合状態の違いに加えて，サイズに依存して結合状態が変化することも考慮する必要がある．たとえば，Hg クラスター (Hg cluster) は，12原子数以下の小さいクラスターについてはファン・デル・ワールス力により結合しているが，20原子数以上のクラスターについては金属結合になることが知られている [3]．

2.1.3　ナノ粒子の形状

マイクロクラスターよりもサイズの大きなナノ粒子においては，その形状は次式のようにギブスの自由エネルギー (Gibbs free energy) により支配される [4]．

$$G_{\mathrm{tot}} = \sum_i G_i + \sum_i \gamma_i A_i + \sum_i E_i l_i \qquad (2.4)$$

ここで，G_i はナノ粒子内部の各 i 相の自由エネルギー，γ_i は各相の単位面積当たりの表面エネルギー，A_i は各相の表面積，E_i は結晶方位の異なる2つの表面からなるエッジのエネルギー，l_i はそのエッジの長さである．以上から，ナノ粒子の形状は成分，サイズ，温度，雰囲気等によって変化することが分かる．主に，第2項の**表面自由エネルギー** (surface free energy) が支配的である．

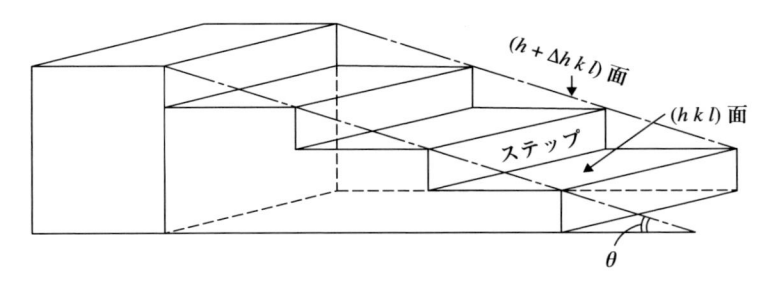

図 2.5 結晶の表面ステップモデル．低指数面から θ の角度を持つ微傾斜表面において，単位面積当たりの表面自由エネルギー γ は，$\gamma_{h+\Delta hkl} > \gamma_{hkl}$ となる．

結晶の高指数表面は低指数表面の原子層高さのステップから構成される．(hkl) 面方位を持つ結晶の単位面積当たりの表面エネルギーを γ_{hkl} によって表す．図 2.5 のように低指数面から θ の角度を持つ微傾斜表面を考えるとき，$(h+\Delta hkl)$ 面方位を持つ表面のエネルギーは，方位 (hkl) 面の表面エネルギーとステップのエネルギーの和となる．したがって，低指数面から高指数面に変化するとともに単位面積当たりの表面自由エネルギー γ は連続的に増加する．図 2.5 において，$\gamma_{h+\Delta hkl} > \gamma_{hkl}$ となり，表面積 A の $(h+\Delta hkl)$ 表面の全自由エネルギーは以下のようになる．

$$G_s = A\gamma_{h+\Delta hkl} \tag{2.5}$$

ナノ粒子においては，γ が最小になるような形状，すなわち，$\int \gamma dA$ が最小となるような形状が安定となる．液体においては γ が一定であるため球形となるが，結晶においては γ が表面の方位によって異なるためファセット (facet)（結晶の外観が特定の結晶表面からなる形状）を持つ構造となる．

表面自由エネルギーの結晶方位依存性を示す 3 次元図形を γ プロット (γ-plot) という．図 2.6(a) に，結晶の hk 方向の表面エネルギー γ_{hk} を動径方向のベクトル γ_{hk} として 2 次元の極座標で示す．結晶内の 1 点を中心として各結晶面の動径ベクトルの終点においてこれに直交する平面で囲まれる最小体積を持つ多面体が結晶の平衡形状を与える．これをウルフの定理 (Wulff's theorem) といい，以下の式で表される [5]．

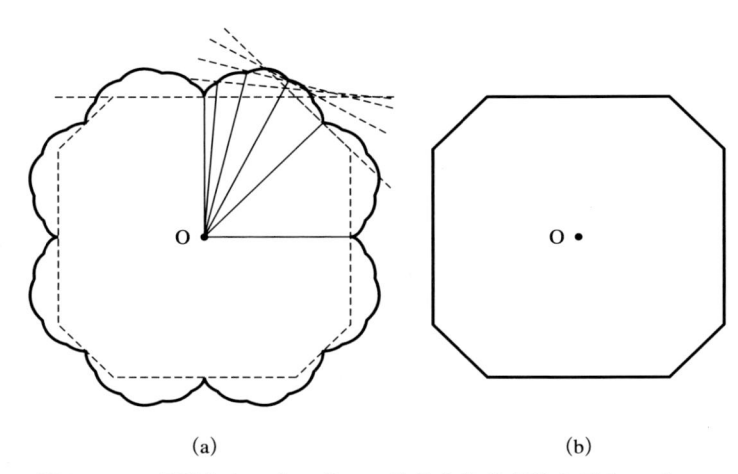

図 2.6 (a) 表面自由エネルギーの結晶方位依存性を示す γ プロット．結晶の hk 方向の表面エネルギー γ_{hk} を動径方向のベクトル γ_{hk} として 2 次元の極座標で示す．各結晶面の動径ベクトルの終点において，これに直交する平面を破線で示す．(b) γ プロットによって構成される立体の内側の包絡面を外形とするウルフの多面体．

$$\frac{\gamma_1}{r_1} = \frac{\gamma_2}{r_2} = \cdots\cdots = \text{const}\left(=\frac{\Delta\mu}{\Omega}\right) \tag{2.6}$$

ここで，r は多面体中心からそれぞれの表面までの垂線の長さ，$\Delta\mu$ は化学ポテンシャル変化，Ω は原子体積を示す．

図 2.6(b) に 2 次元断面で示すように，具体的には γ プロットによって構成される立体の内側の包絡面を外形とする多面体を**ウルフの多面体** (**Wulff polyhedron**) といい，熱平衡状態の結晶ナノ粒子の形状を与える．このように，ナノ結晶粒子の平衡形状は γ の異方性を反映したものである．例えば，単純立方格子の結晶ナノ粒子において，{001} 面と {111} 面のみが寄与する場合，

$$\frac{\gamma_{001}}{\gamma_{111}} = \frac{r_{001}}{r_{111}} \tag{2.7}$$

となる．図 2.7 に示すように，γ の比が $\frac{1}{\sqrt{3}}$ より小さい場合は**正 6 面体** (regular hexahedron)（図 2.7(a)），$\frac{1}{\sqrt{3}}$ から $\sqrt{3}$ の場合は **14 面体** (regular tetradodecahedron)（図 2.7(b),(c)），$\sqrt{3}$ より大きい場合は**正 8 面体** (regular

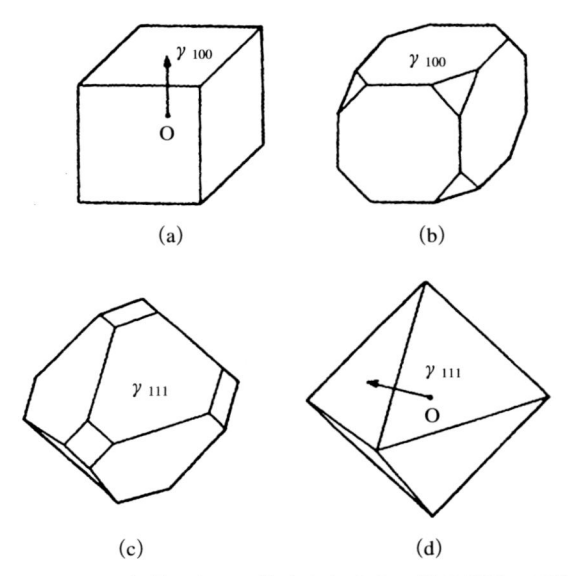

図 2.7 ウルフの定理によって決定されるナノ結晶粒子の平衡形状

octahedron)（図 2.7(d)）になる．

しかし，結晶面の成長速度の異方性によって形状は変化し，成長速度の速い結晶面は出現しにくくなる．したがって，その形状は組成や雰囲気によっても変化する．

2.1.4 ナノ粒子の結晶構造

（a）多重双晶粒子

ナノ粒子の形状は，前項で述べた表面自由エネルギーに加えて内部に存在する格子欠陥によっても変化する．典型的な例として，**多重双晶粒子** (multiply twinned particle) がある [6,7]．バルクでは，fcc 構造をとる金属がナノ粒子として成長していくときに，多重双晶粒子はよく現れる構造である．

Au ナノ粒子 (Au nanoparticle) の多重双晶粒子の一例を図 2.8 に示している．電子顕微鏡写真と原子配列の模式図から，このナノ粒子は **5 角 10 面体** (pentagonal decahedron) の構造を持ち，5 個の 4 面体が 1 つの [110] 軸を共有して双晶として結晶成長していることが分かる．

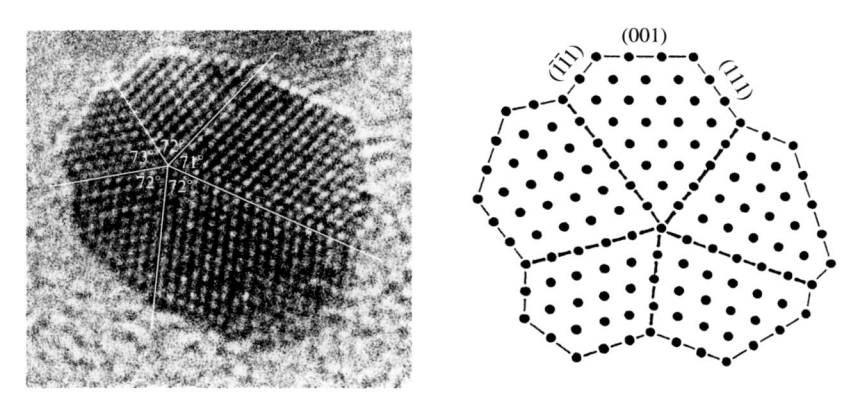

図 2.8 Au ナノ粒子の多重双晶粒子の一例を示す電子顕微鏡写真と原子配列の模式図

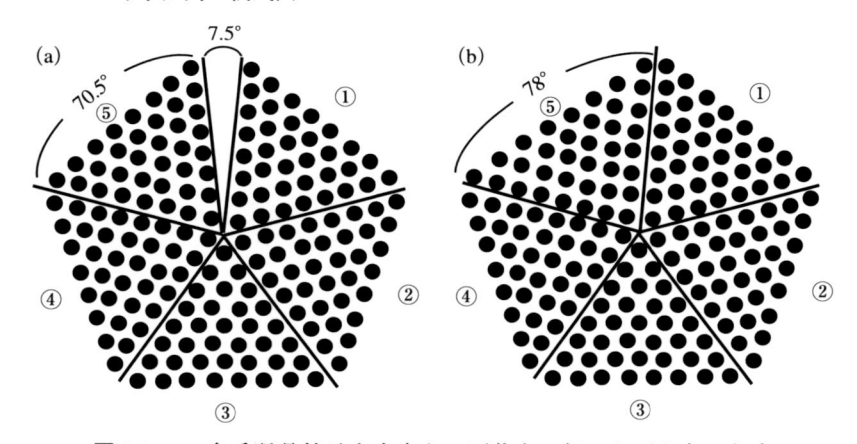

図 2.9 (a) 多重双晶粒子を完全な 4 面体を 5 個つなげたものとすると，約 7.5°のすき間ができる．このすき間を埋めるために，結晶格子が歪む必要があるが，(b) は 1 つの 4 面体のみを歪ませたモデル．実際には，図 2.8 に示されるように，5 個の 4 面体それぞれが少しずつ歪んだ結晶構造をとる．

完全な 4 面体を 5 個つなげると，図 2.9(a) に示すように約 7.5°のすき間ができる．このすき間を埋めるために，結晶格子が歪む必要がある．図 2.9(b) は，1 つの 4 面体のみを歪ませたモデルである．比較的サイズの大きなナノ粒子の場合，積層欠陥や小傾角粒界により歪みを導入できるが，サイズの小

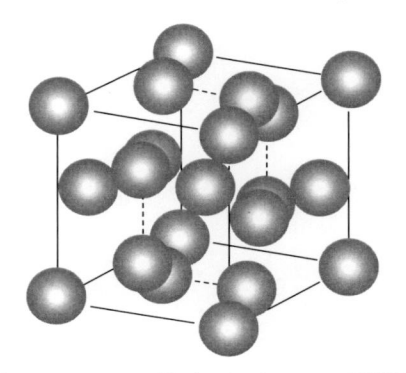

図 2.10　Cr ナノ粒子における A15 型構造

さいナノ粒子の場合においては，図 2.8 に示されるように，5 個の 4 面体それぞれが少しずつ歪んだ結晶構造をとることで，このすき間を埋めている．

(b) 特異な結晶構造

バルクで bcc 構造をとる金属において現れる特異な構造の一例として，Cr ナノ粒子 (Cr nanoparticle) の A15 型構造がある [8]．図 2.10 に示すように，この構造は bcc 構造の面心位置に原子の"ダンベル"が配列している．bcc 構造においては 12 の {110} 面で囲まれた菱形 20 面体が平衡形であると考えられる．しかし，こうした A15 型構造を持つとき，図 2.11 に示すように，ナノ粒子の形状は偏菱形 24 面体をとる場合が多い．偏菱形 24 面体は 24 の {211} 面によって囲まれており，A15 型構造の熱平衡形に近いと考えられる [9]．

(c) 格子定数のサイズ依存性

多くのナノ粒子において，サイズが小さくなるとともに格子定数が小さくなることが知られている．一例として，fcc 構造の Ag ナノ粒子 (Ag nanoparticle) における最近接原子間距離 (nearest neighbor atomic distance) のサイズ依存性を図 2.12 に示す [10]．ナノ粒子サイズが小さくなるにつれて最近接原子間距離が短くなり，ナノ粒子は圧縮されて格子定数 (lattice con-

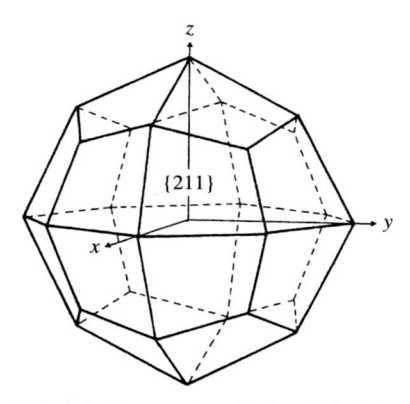

図 2.11 A15 型構造を持つ Cr ナノ粒子に観察される偏菱形 24 面体形状 [9]

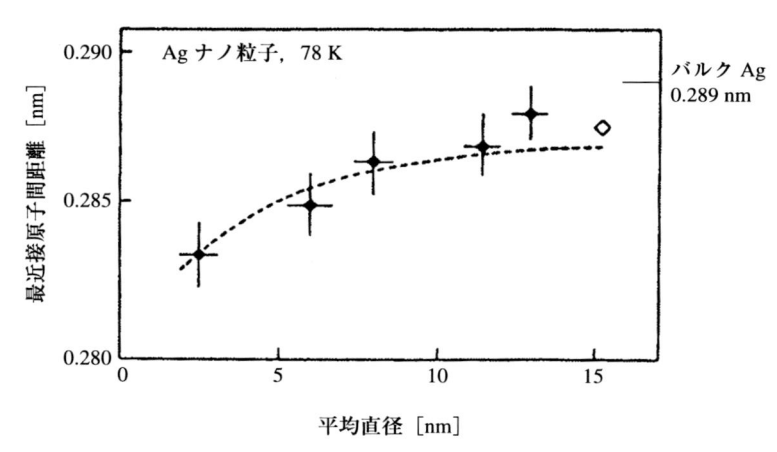

図 2.12 fcc 構造の Ag ナノ粒子における最近接原子間距離のサイズ依存性 [10]

stant) も小さくなることを示している．

　格子定数とナノ粒子の粒径との関係は以下のようになる．表面自由エネルギー γA の変化は，

$$d(\gamma A) = \gamma dA + A d\gamma \tag{2.8}$$

と表される．表面応力 g は，

$$g = \frac{d(\gamma A)}{dA} \tag{2.9}$$

によって定義できるので，

$$g = \gamma + A\frac{d\gamma}{dA} \tag{2.10}$$

となる．g と単位面積当たりの表面自由エネルギーとの大小関係により，膨張収縮が決まる．格子定数 a の変化 Δa は，表面応力により球形の液滴が体積の膨張・収縮を自由にすることができると仮定する液滴モデルを用いると，

$$\frac{\Delta a}{a} = -\frac{2}{3}\frac{g\kappa}{r} \tag{2.11}$$

と表される．ここで，ナノ粒子の半径は r，圧縮率は κ である．図 2.12 における Ag ナノ粒子の表面応力は 2.3 Nm^{-1} となり，単位面積当たりの表面自

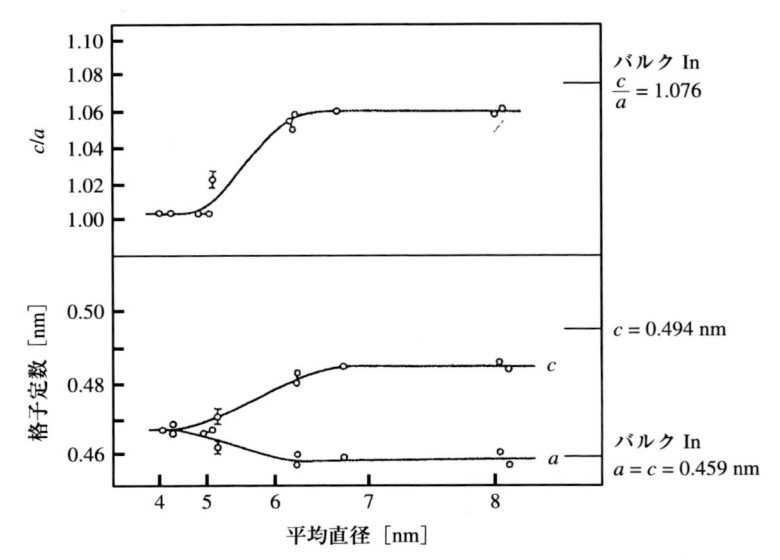

図 2.13　In ナノ粒子における格子定数 a, c およびその軸比 c/a のサイズ依存性 [11]

由エネルギー 0.9 Nm^{-1} よりも大きな値をとる．

　一方，バルクでは fct 構造をとる In はサイズが小さくなると，格子定数 a, c とその軸比 c/a が，図 2.13 に示すように変化し，fcc 構造に変化する [11]．その過程において，a の値が増加し c の値が減少するので，単位格子体積の変化は，±0.1% 程度でほとんどない．この結果は，表面応力によって In ナノ粒子 (In nanoparticle) が圧縮されることでは説明できず，ナノ粒子中に存在する格子欠陥が寄与すると考えられている．

2.2　ナノ結晶粒子による X 線・電子線の回折

　バルク物質の場合と同様に，ナノ結晶粒子の原子的構造を明らかにする最も基本的な手段は，X 線，電子線の回折である．ここでは，ナノ結晶粒子による回折の際に，バルク物質とはどのような違いが生じるかについて述べる．

2.2.1　結晶による回折（実格子と逆格子）

　原子集団を単位として空間に 3 次元配列したものが結晶である．結晶の構造を議論する際には原子集団を点の配列とみなし，各点を「格子点」と呼び，格子点の配列全体を空間格子 (space lattice) と呼ぶ．逆に言うと，結晶とは空間格子の各格子点に原子集団を配置したものだと言える．空間格子は対称性により 14 個のブラベー格子に分類できることはよく知られている．X 線 (X-ray)，電子線 (electron beam) を物質に入射すると回折 (diffraction) や散乱が起こり，結晶の場合には回折斑点が現れる．この回折斑点は逆格子 (reciprocal lattice) と関連づけられ，実格子 (lattice in real space) の結晶構造は逆格子構造から求めることができる．

　実格子と逆格子の関係は以下のように与えられる．結晶の基本格子ベクトルを a, b, c とすると，実格子を表すベクトルは，

$$r_i = n_1 a + n_2 b + n_3 c \quad (n_1, n_2, n_3：整数) \tag{2.12}$$

と与えられる．逆格子ベクトル g を，

$$g = ha^* + kb^* + lc^* \ (h, k, l：整数) \tag{2.13}$$

と定義すると，これらの間には，以下の関係が成り立つ．

$$a^* = 2\pi \frac{b \times c}{a \cdot (b \times c)}, \quad b^* = 2\pi \frac{c \times a}{a \cdot (b \times c)}, \quad c^* = 2\pi \frac{a \times b}{a \cdot (b \times c)} \tag{2.14}$$

逆格子ベクトルは実格子の格子面に垂直である．

2.2.2 ナノ結晶粒子からの散乱強度

図 2.14 に示すように，ナノ粒子は 3 次元空間内に配列する格子点の数が 3 つのいずれの方向においても均等に，かつ極めて少なくなる系であり，0 次元系ともいうことができる．図 2.15 に示すように，ナノ結晶粒子を単位格子 (unit cell) が a, b, c 方向にそれぞれ N_a, N_b, N_c 個並んだ $N_a a, N_b b, N_c c$ を稜とする平行 6 面体と仮定する．ナノ結晶粒子の原点を定義し，格子点を示すベクトルを r_i，単位格子内の原子の位置を示すベクトルを r_j とすると，

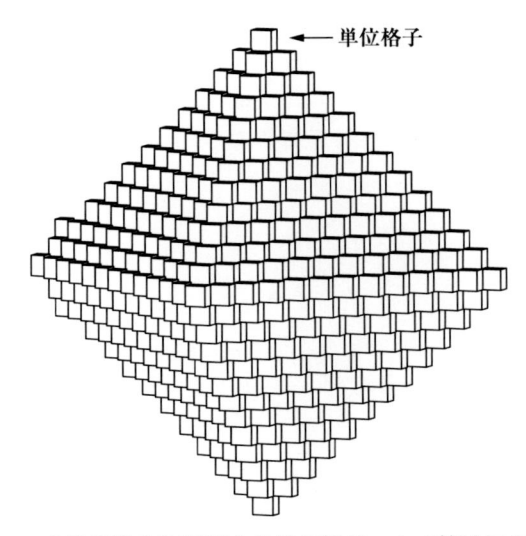

図 **2.14** 3 次元空間内に配列する単位格子．ナノ粒子においては，格子点の数が 3 つのいずれの方向においても均等にかつ極めて少なくなる．

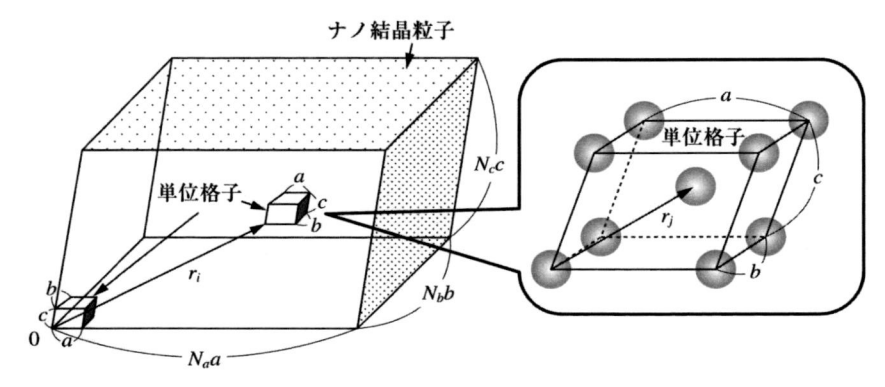

図 2.15 ナノ結晶粒子を単位格子が a, b, c 方向にそれぞれ N_a, N_b, N_c 個並んだ $N_a a, N_b b, N_c c$ を稜とする平行 6 面体と仮定する．ナノ結晶粒子の原点を定義し格子点を示すベクトルを r_i，単位格子内の原子の位置を示すベクトルを r_j とする．

単位格子内の原子の位置 r は，

$$r = r_i + r_j \tag{2.15}$$

となる．ナノ結晶粒子全体からの散乱振幅強度 $I(q)$ は，各単位格子における散乱振幅 $F(q)$ と各単位格子の位置の違いにより生じる位相差の誤差 $G(q)$ によって以下のように表される．

$$\begin{aligned} I(q) &= |F(q)|^2 \cdot |G(q)|^2 \\ &= |F(q)|^2 \cdot L(q) \end{aligned} \tag{2.16}$$

ここで，q は散乱ベクトルであり，散乱波の波動ベクトル k_s と入射波の波動ベクトル k_i の差 $k_s - k_i$ で与えられる．上式の $F(q)$ は結晶構造因子 (structure factor)，$L(q)$ はラウエ関数 (Laue function) と呼ばれる．

まず，結晶構造因子 $F(q)$ について考察する．$F(q)$ は，単位格子からの散乱振幅で与えられ，単位格子中の個々の原子からの散乱波を合成したものである．単位格子内の j 番目の原子の原子散乱因子 (atomic scattering factor) を f_j，位置ベクトルを $r_j = x_j a + y_j b + z_j c \, (0 \leqq x_j, y_j, z_j \leqq 1)$ とすると，n 個

の原子で散乱された波の合成波の振幅 $F(\boldsymbol{q})$ は,

$$F(\boldsymbol{q}) = \sum_{j=1}^{n} f_j \exp(2\pi i \boldsymbol{q} \cdot \boldsymbol{r}_j) \tag{2.17}$$

となる.ブラッグ条件 (Bragg condition) を満足するとき散乱ベクトルと逆格子ベクトルが等しくなるので,

$$\boldsymbol{q} = \boldsymbol{g} = h\boldsymbol{a}^* + k\boldsymbol{b}^* + l\boldsymbol{c}^* \tag{2.18}$$

より $F(\boldsymbol{g})$ は,

$$\begin{aligned} F(\boldsymbol{g}) &= \sum_{j=1}^{n} f_j \exp(2\pi i \boldsymbol{g} \cdot \boldsymbol{r}_j) \\ &= \sum_{j=1}^{n} f_j \exp\{2\pi i (hx_j + ky_j + lz_j)\} \end{aligned} \tag{2.19}$$

となる.このように,結晶構造因子は,単位格子内の原子の種類とその位置によって一義的に決まるために,ナノ粒子に固有の特徴は含まれない.

ナノ粒子に関する情報を含むのは,むしろラウエ関数 $L(\boldsymbol{q})$ のほうである.各単位格子の位置の違いにより生じる位相差の誤差 $G(\boldsymbol{q})$ は,

$$\begin{aligned} G(\boldsymbol{q}) &= \sum_{i=0}^{(N_a-1)(N_b-1)(N_c-1)} \exp(2\pi i \boldsymbol{q} \cdot \boldsymbol{r}_i) \\ &= \sum_{n_1=0}^{N_a-1} \exp(2\pi i h n_1) \times \sum_{n_2=0}^{N_b-1} \exp(2\pi i k n_2) \times \sum_{n_3=0}^{N_c-1} \exp(2\pi i l n_3) \end{aligned} \tag{2.20}$$

となり,$|G(\boldsymbol{q})|^2$ で与えられるラウエ関数 $L(\boldsymbol{q})$ は,

$$L(\boldsymbol{q}) = \left\{ \frac{\sin^2(\pi N_a h)}{\sin^2(\pi h)} \right\} \times \left\{ \frac{\sin^2(\pi N_b k)}{\sin^2(\pi k)} \right\} \times \left\{ \frac{\sin^2(\pi N_c l)}{\sin^2(\pi l)} \right\} \tag{2.21}$$

と表される.

ラウエ関数は,$\boldsymbol{a}^*, \boldsymbol{b}^*, \boldsymbol{c}^*$ 方向それぞれについて独立に取り扱うことができるので,簡単のために以下の式で与えられる $\boldsymbol{a}^*$ 方向のラウエ関数 $L_a(\boldsymbol{q})$ を考える.

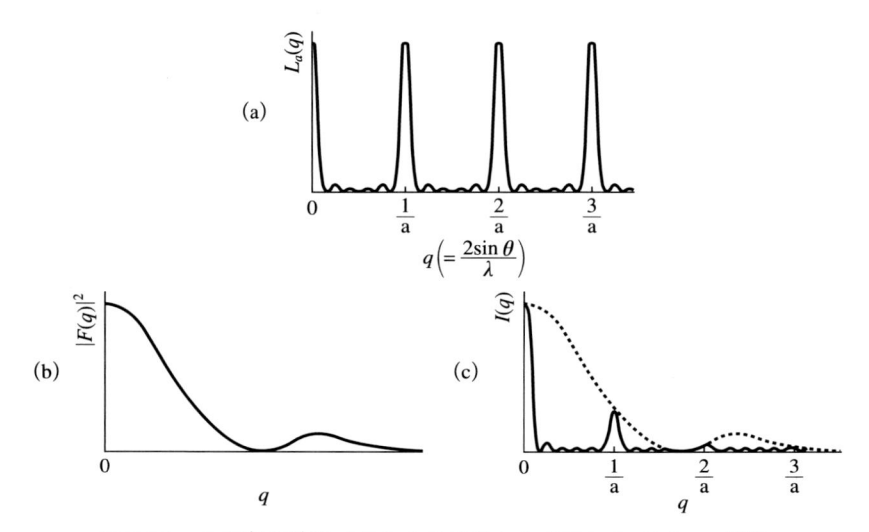

図 2.16 a^* 方向の散乱ベクトルの関数として示した (a) Laue 関数,(b) 結晶構造因子による散乱振幅（結晶構造因子の 2 乗），(c) ナノ結晶粒子全体からの散乱振幅強度 $I(q)$

$$L_a(\boldsymbol{q}) = \frac{\sin^2(\pi N_a h)}{\sin^2(\pi h)} \tag{2.22}$$

この関数を a^* 方向に沿ってプロットしたものが，図 2.16(a) である．図から分かるように，この関数は主極大が $q = \frac{1}{a}$ の周期での繰り返しとなっている．図 2.16(b) および (c) は，それぞれ結晶構造因子による散乱振幅（結晶構造因子の 2 乗），ナノ結晶粒子全体からの**散乱振幅強度 (intensity of scattering amplitude)** $I(q)$ を a^* 方向の散乱ベクトルの関数によって示したものである．結晶構造因子が散乱ベクトルの増大とともに著しく減衰するため，ナノ結晶粒子全体からの散乱振幅強度は散乱ベクトルが 0 の主極大によって決定される．

$q = 0$ の主極大を取り出して描いたものが図 2.17 である．このピークの極大値は N_a^2，半価幅は $1/N_a$，積分強度は N_a となる．a^* 方向以外も考えると，ラウエ関数は $\boldsymbol{a} \cdot \boldsymbol{q} = h$，$\boldsymbol{b} \cdot \boldsymbol{q} = k$，$\boldsymbol{c} \cdot \boldsymbol{q} = l$ で極大値 N_a^2, N_b^2, N_c^2 を示す．ラウエ関数の主極大の形状は，N_a, N_b, N_c の値によって変化することから，逆格子点の形状は，ナノ結晶粒子のサイズや形状に関する固有の特徴が

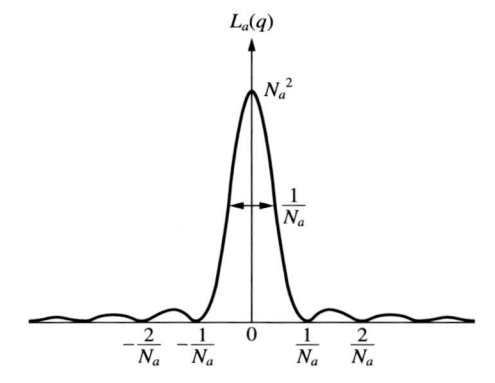

図 2.17　a^* 方向の Laue 関数 $La(q)$ の $q = 0$ における主極大の特徴，極大値は N_a^2，半価幅は $1/N_a$，積分強度は N_a である．

含まれる[1]．

2.2.3　ナノ物質の回折線強度分布

バルク物質においては，前項における N_a, N_b, N_c の値がアボガドロ数 N_A のオーダーであるが，ナノ粒子をはじめとするナノ物質において，それらはきわめて小さいため，N_a, N_b, N_c の大小関係によってナノ物質の形態が定義される．図 2.18 に，ナノ粒子，ナノロッド・ワイヤ (nanorod, nanowire)，ナノフィルム (nanofilm)（グラフェン等）の例を示す．

ナノ粒子においては，3 方向においてこれらの値はきわめて小さいために，ラウエ関数の主極大は強度が低く半価幅が広くなる．逆格子点は 3 次元的にブロードな，すなわち，球状に広がった強度分布を持つ．

ナノロッド・ワイヤは，1 方向の原子数が残りの 2 方向に比べて著しく多い場合である．逆格子点は原子数の少ない 2 方向には 2 次元的にブロードな強度分布を示すが，1 方向は比較的に半価幅が狭く強度が高くなる．すなわち，ロッド・ワイヤの軸方向を面法線とするような円盤状になる．

ナノフィルムは，1 方向の原子数が残りの 2 方向に比べて著しく少ない場合である．逆格子点は原子数の少ない 1 方向には 1 次元的にブロードな強

---

[1] 脚注：逆格子点の形状が回折斑点の強度分布に対応する．

42　第2章　ナノ粒子の形態，構造，相平衡

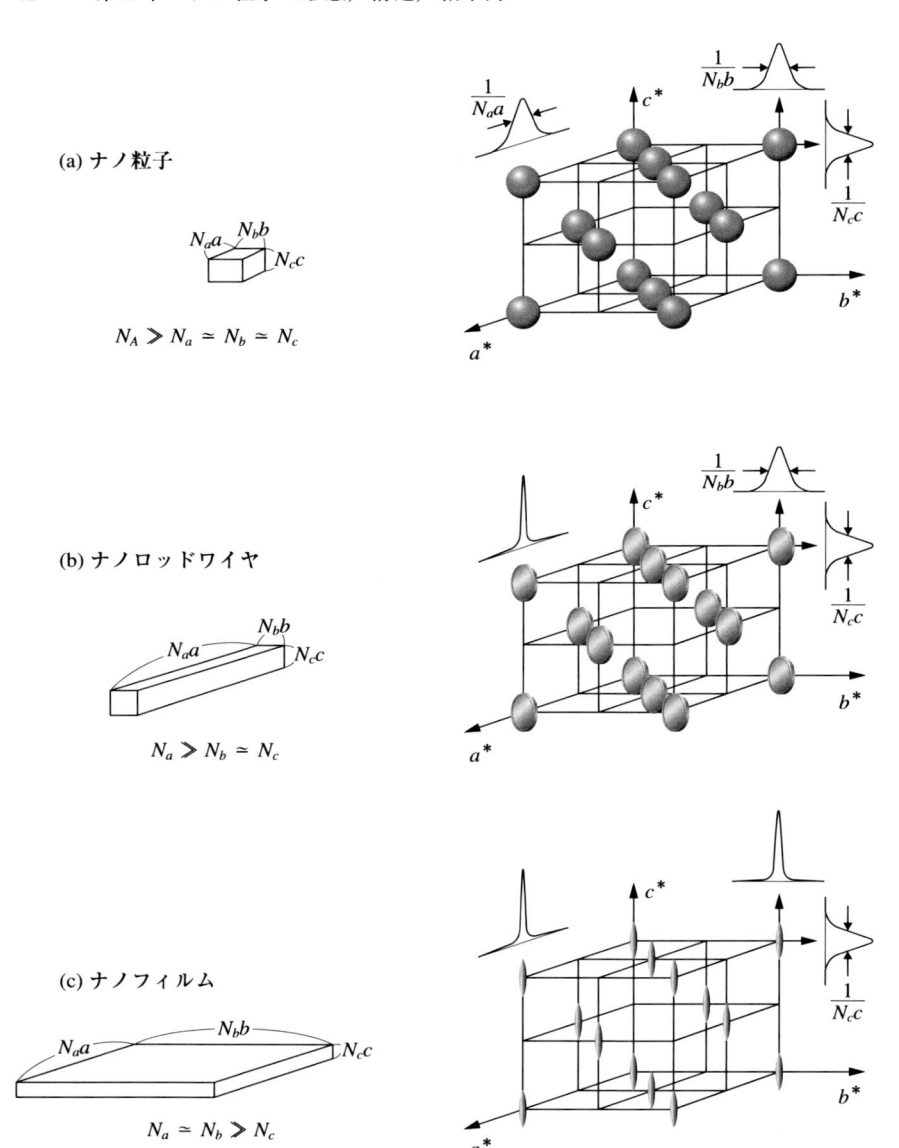

(a) ナノ粒子

$N_A \gg N_a \simeq N_b \simeq N_c$

(b) ナノロッドワイヤ

$N_a \gg N_b \simeq N_c$

(c) ナノフィルム

$N_a \simeq N_b \gg N_c$

図 2.18 ナノ粒子，ナノロッド・ワイヤ，ナノフィルム（グラフェン等）における逆格子を示す模式図

度分布を示すが，2方向は比較的に半価幅が狭く強度が高くなる．すなわち，フィルム面に垂直なロッド状になる．

回折条件は，X線や電子線の入射方向に平行で，かつ，波長の逆数の長さを持つ入射波の波数ベクトルの終点を逆格子空間の原点に置き，そのベクトルを半径とする球，すなわちエバルト球 (Ewald sphere) の表面が逆格子点を通るときに成立する．したがって，回折線の強度分布は，エバルト球の表面が逆格子点を切断したときの強度分布を反映する．異なる入射方向における回折線の強度分布から，前述のナノ構造体の形態や大きさを予測できる．

2.2.4 ナノ粒子のデバイ・ワラー因子と格子振動のソフト化

ナノ粒子から測定したデバイ・シェラーリング (Debye-Scherrer ring)[1]において，観測される回折線の積分強度 I_m は，原子の熱振動や格子点からの静的な原子変位のない場合の回折線の理論強度を I_0 とすると，以下の式により与えられる．

$$I_m = I_0 \exp\left\{-2B\left(\frac{\sin\theta}{\lambda}\right)^2\right\} \tag{2.23}$$

ここで，θ はブラッグ角，λ は波長である．この式の指数関数の部分はデバイ・ワラー因子 (Debye-Waller factor) と呼ばれ，原子の**熱振動** (thermal vibration) の効果を含んでいる．熱振動が調和近似で扱えるときには，$B = 8\pi\langle\mu^2\rangle$ で与えられる．ここで $\langle\mu^2\rangle$ は熱振動に伴う**原子の平均二乗変位** (atomic mean square displacement) である．以上より，回折線の積分強度の測定から，平均二乗変位が求まることが分かる．

ナノ粒子では，後述するように融点降下することが知られており，**格子振動のソフト化** (lattice softening) が関係している．絶対零度よりも高温の固体において構成原子は，その平衡位置である格子点を中心に熱振動している．温度上昇とともに振動の振幅が大きくなり，振動数は低くなる．こ

---

[1] 一般的に，基板上に保持される結晶のナノ粒子は様々な結晶方位を持つために，多結晶体と同様の回折線であるデバイ・シェラーリングが観測される．

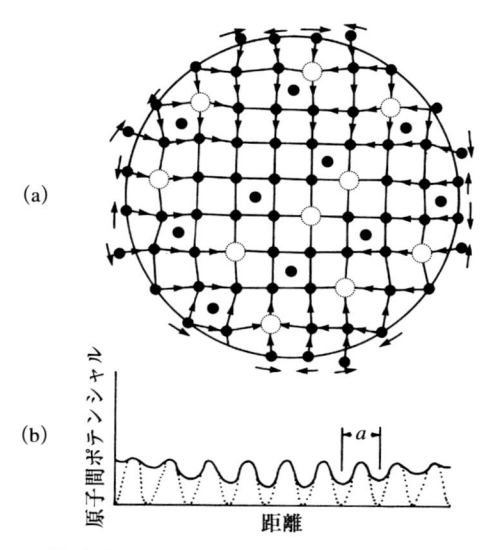

図 2.19 ナノ粒子中の原子の平均二乗変位と原子間ポテンシャルの模式図

れを格子振動のソフト化と呼ぶが，ナノ粒子においては，この寄与が大きくなる．図 2.19 はナノ粒子を構成する原子の変位と振動および原子間ポテンシャルの分布について模式的に示している．図 2.19(a) においては表面層近傍の原子の変位と振動が内部に比べて大きくなっていることを示し，図 2.19(b) では，破線で表したバルクの原子間ポテンシャルに比べて，ナノ粒子内部の原子間ポテンシャルが浅くなることに加え，表面層に近づくにつれて，それがより浅くなっていくことを示している．

　ナノ粒子中の原子の平均二乗変位は，内部にある原子に対して表面にある原子の割合が大きくなる結果，バルクとは著しく異なるものとなる．平均二乗変位は，格子の熱振動による変位 (thermal atomic displacement) $\langle \mu^2 \rangle_{\mathrm{thermal}}$ の寄与が大きいが，ナノ粒子においては本来の格子点からの**静的な原子の変位** (static atomic displacement) $\langle \mu^2 \rangle_{\mathrm{static}}$ の寄与も大きくなる．したがって，ナノ粒子での平均二乗変位は，それらの和によって以下のように表される．

$$\langle\mu^2\rangle = \langle\mu^2\rangle_{\text{Thermal}} + \langle\mu^2\rangle_{\text{Static}} \tag{2.24}$$

$\langle\mu^2\rangle_{\text{Thermal}}$ には温度依存性があり,$B_\text{T} = 8\pi^2\langle\mu^2\rangle_{\text{Thermal}}/3$ とすると,B_T は以下のように表される.

$$B_\text{T} = \frac{3h^2}{mk_\text{B}}\left(\frac{T}{\theta}\right)^2 \int_0^{\frac{\theta}{T}} \frac{x}{e^x - 1}\,dx \tag{2.25}$$

ここで,h はプランク定数,k_B はボルツマン定数,m は原子の質量,T は温度,θ はデバイ温度 (Debye temperature) である [12].高温 $T > \theta$ においては,

$$B_\text{T} = \frac{3h^2}{mk_\text{B}}\frac{T}{\theta^2} \tag{2.26}$$

となる.$\langle\mu^2\rangle_{\text{Static}}$ について $B_\text{S} = 8\pi^2\langle\mu^2\rangle_{\text{Static}}/3$,平均二乗変位 $\langle\mu^2\rangle$ について $B = 8\pi^2\langle\mu^2\rangle/3$ と定義すると,$B = B_\text{T} + B_\text{S}$ となる.

図 2.20 は Au ナノ粒子における B 値のサイズおよび温度依存性である [13].バルク Au の B 値は 6.2×10^{-3} nm² である.粒径約 5 nm の Au ナノ粒

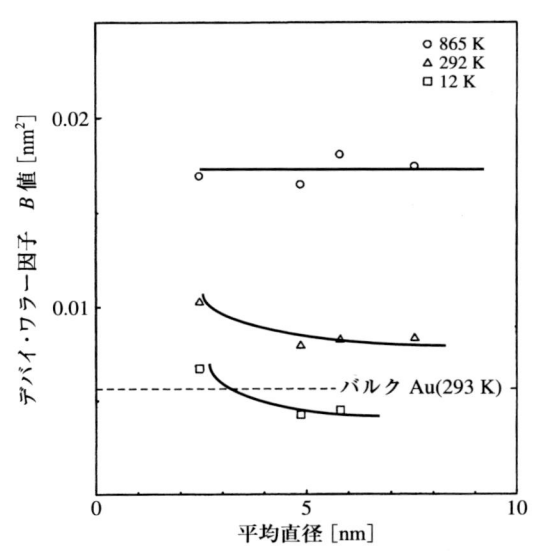

図 **2.20** Au ナノ粒子における B 値のサイズおよび温度依存性 [13]

子においては,室温で B 値は 8×10^{-3} nm^2 であり,平均二乗変位は約 30% 増大する.温度を 12 K まで下げると,バルクにおける値に近づく.また,サイズが小さくなるとともに,その値は増大する.

一方,デバイ温度はサイズが小さくなるにつれて下がっていくことが明らかにされている.例えば,バルクの Ag のデバイ温度は 225 K であるが,15 nm の粒径の Ag ナノ粒子において,それは 156 K まで低下する [14].

ナノ粒子においてデバイ温度が低下することから,比熱 C_V はバルクに比べて大きくなることが次式から分かる.

$$C_V = 9 N_A k_B \left(\frac{T}{\theta}\right)^3 \int_0^{\frac{\theta}{T}} \frac{x^4 e^x}{e^x - 1} dx \tag{2.27}$$

ここで,N_A はアボガドロ数である [15].

図 2.21 は,V. Novotny らによって報告された Pb ナノ粒子 (Pb nanoparticle) の比熱のバルクの値からの増加分の実験値ならびに理論値を温度の関数として表している.彼らは,サイズが 60 nm, 37 nm, 22 nm と小さくなるとともに比熱が実験値,理論値ともに増大していることを示している [16].

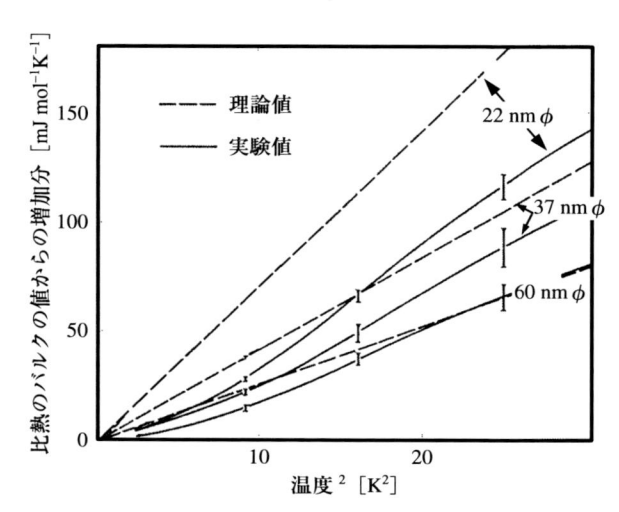

図 2.21 Pb ナノ粒子の比熱のバルクの値からの増加分の実験値ならびに理論値 [16]

― コラム ―

水あめのように伸びるナノ粒子！

下の図は，粒径約 15 nm の In ナノ粒子を室温で引っ張り変形したときの様子である．純金属であるバルク In は，室温における引っ張り変形では約 22% の伸びを示すことが知られている．ナノ粒子においては約 300% 近い伸びが観察されることから，金属ナノ粒子は一般的に超塑性を示す．格子振動のソフト化によって起きる現象である．

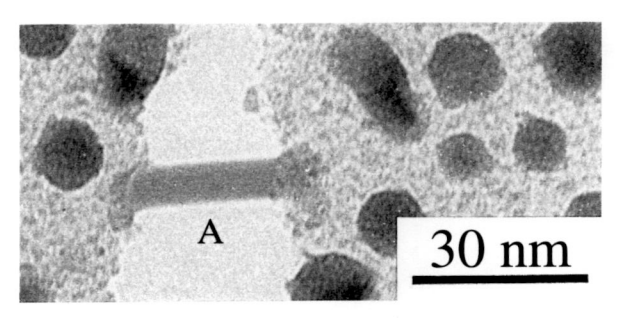

室温における In ナノ粒子の引っ張り変形

2.3 ナノ粒子中の拡散と相平衡

ナノ粒子中の原子の動的な挙動は，バルク物質中とは異なる特異なものとなる．ここでは，特異な原子拡散と相平衡について紹介する．

2.3.1 ナノ粒子中の急速な拡散

原子の拡散 (atomic diffusion) は溶媒中を溶質原子が移動する現象である．図 2.22 に示すように，単位面積を断面に持ち内部に濃度勾配のある，2 成分からなるナノ粒子を考える．A 原子面の固溶原子濃度を C_A，B 原子面の固溶原子濃度を C_B，原子間距離（原子のジャンプ距離）を a とすると，A 原子面の固溶原子数は $n_A = aC_A$，B 原子面の固溶原子数は $n_B (< n_A) = aC_B$ となる．ここで，固溶原子濃度とは，主成分の溶媒原子からなる母相中に

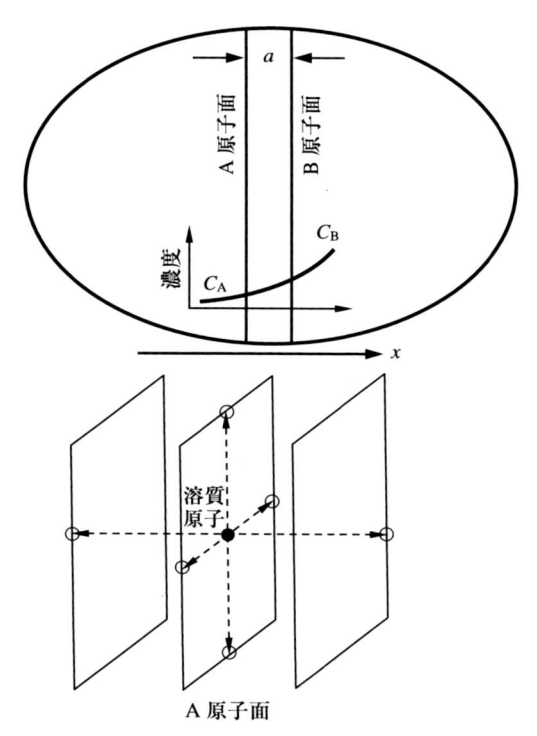

図 2.22 単位面積を断面に持ち内部に濃度勾配のあるナノ粒子中の原子の拡散

含まれる第 2 成分である溶質原子の濃度を，また固溶原子数は，溶質原子の個数のことを示す．±x 方向への原子のジャンプ頻度を f とすると，いずれか 1 方向への原子のジャンプ頻度 (atomic jump frequency) は $\frac{1}{2}f$ となる．単位時間当たりに A 面を飛び出す原子数は $n_A f$，単位時間当たりに B 面を飛び出す原子数は $n_B f$ であるので，A 面から B 面へ入る原子数 J は，

$$J = \frac{1}{2}f(n_A - n_B) = \frac{1}{2}af(C_A - C_B) \tag{2.28}$$

となる．濃度 C，距離 x として濃度勾配 $dC/dx = (C_B - C_A)/a$ を代入すると，

2.3 ナノ粒子中の拡散と相平衡

$$J = -\frac{1}{2}a^2 f \frac{dC}{dx} \tag{2.29}$$

となる．拡散係数 (diffusion coefficient) を $D_0 = \frac{1}{2}a^2 \cdot f$ と置くと，

$$J = -D_0 \frac{dC}{dx} \tag{2.30}$$

となり，これをフィックの第1法則 (Fick's first law) という．

一般的に，x, y, z の3方向へのジャンプを考えると，$D_0 = \frac{1}{6}a^2 f$ となり，12配位の fcc を考えると $D_0 = \frac{1}{12}a^2 f$ である．これに熱活性化過程 (thermal activation process) を考慮すると拡散係数 D は，

$$D = D_0 \exp\left(-\frac{Q}{k_B T}\right) \tag{2.31}$$

と表される．ここで，Q は活性化エネルギー (activation energy)，T は温度，k_B はボルツマン定数，D_0 は頻度因子 (frequency factor) である．

限られた空間であるナノ粒子における拡散を考えるとき，濃度勾配の特殊性と，バルクに比べて活性化エネルギーや頻度因子がどのように変化するかが重要になる．

ナノ粒子中の拡散は，電子顕微鏡 (electron microscope) による構造変化の観察実験から評価される．図 2.23 は，室温に保持した粒径約 6 nm の Au ナノ粒子（格子定数 0.408 nm）の表面に Cu 原子を蒸着したときの，観察の一例である [17]．この例は，表面に付着した Cu 原子がナノ粒子内部に拡散して，均一に Au-40 at%Cu 合金（格子定数 0.397 nm）になることを示している．合金になるために必要な時間を測定して，Au ナノ粒子中の Cu の拡散係数 $D_{particle}$ が求められる．その値は，2×10^{-19} m^{2}s^{-1} より大きいと評価され，室温におけるバルク Au 中の Cu の拡散係数の値 2.4×10^{-28} m^{2}s^{-1} に比べると，約 10^9 以上大きいことが分かっている [17]．

ナノ粒子においては次のようなことが拡散係数を大きくさせる要因となっている．すなわち，格子軟化により原子間ポテンシャルが下がり活性化エネルギーも小さくなっていること，配位数の小さな表面原子の割合が多くそのため頻度因子も大きくなること，構成原子数が少ないことにより溶質原子の位置の変化が大きな濃度勾配をもたらすこと，などである．

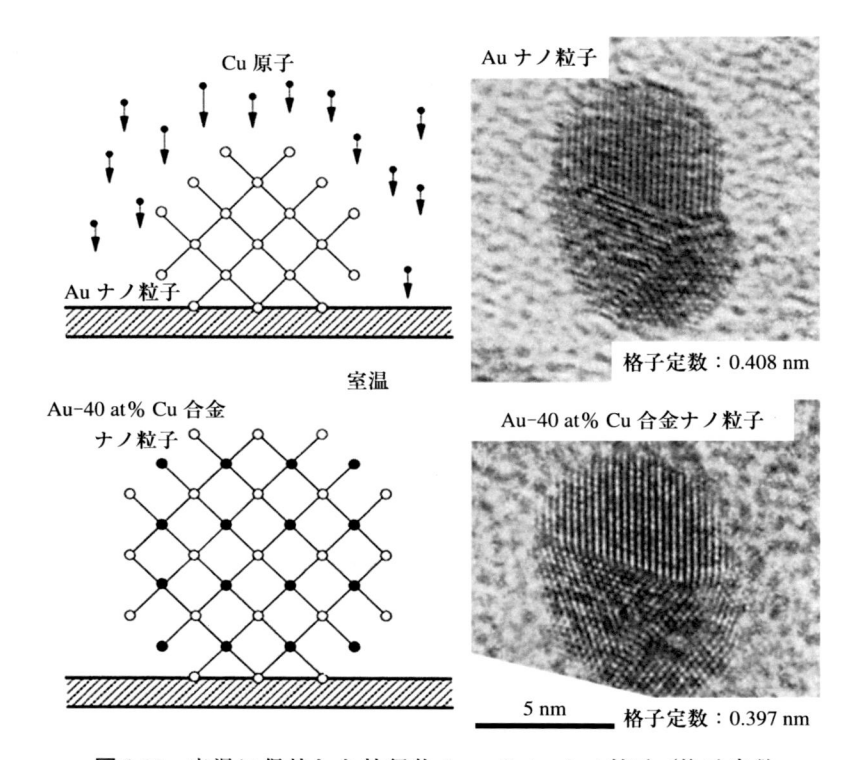

図 2.23 室温に保持した粒径約 6 nm の Au ナノ粒子(格子定数 0.408 nm)の表面に Cu 原子を蒸着して,表面に付着した Cu 原子がナノ粒子内部に拡散することを示した実験 [17]

2.3.2 ナノ粒子の相平衡

(a) 融点降下

ナノ粒子の特異な相平衡の典型例に融点降下 (melting temperature depression),すなわち固-液相転移 (solid-to-liqiud phase transformation) 温度の低下が挙げられる [18].図 2.24 は Au ナノ粒子の融点を粒子サイズの関数として示している.サイズが約 5 nm より小さくなると,急激に融点が降下することが分かる [19].

融点降下について,図 2.25 に示すようなモデルで,熱力学的に説明する.半径 r の固相の球状のナノ粒子が周囲の液相と温度 T で熱平衡状態にある

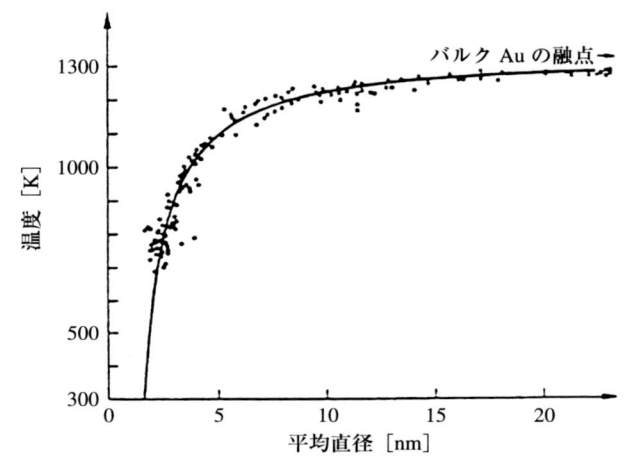

2.3 ナノ粒子中の拡散と相平衡　51

図 2.24 Au ナノ粒子における融点のサイズ依存性 [19]

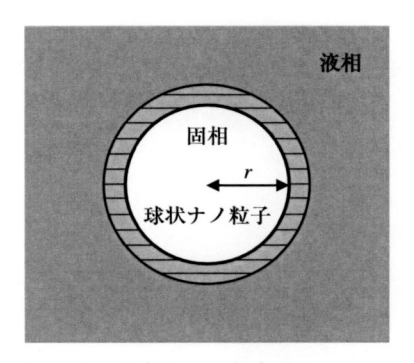

図 2.25 融点降下の熱力学的モデル

とする．ここで，横線で示した質量 dw のナノ粒子の表面の一部が融解すると，固-液界面の面積が dA だけ減少する．このときの系の内部エネルギーの増加は，$\Delta U \mathrm{d}w - \gamma \mathrm{d}A$ となる．ここで，ΔU は融解熱，γ は単位面積当たりの表面（界面）エネルギーである．融解のエントロピー ΔS が温度に依存しないとすると，

$$\Delta U \mathrm{d}w - \gamma \mathrm{d}A - T\Delta S \mathrm{d}w = 0 \tag{2.32}$$

を満足する．融点 T_0 のバルクにおいて，融解による表面エネルギーが無視できるので，

$$\Delta U dw - T_0 \Delta S dw = 0 \tag{2.33}$$

が成り立つ．以上の 2 つの式から，

$$T_0 - T = T_0 \frac{\gamma}{\Delta U} \frac{dA}{dw} \tag{2.34}$$

が求められる．密度を ρ とすると，$w = \frac{4}{3}\pi r^3 \rho$, $A = 4\pi r^2$ であるから，$\frac{dA}{dw} = \frac{2}{\rho r}$ となるので，

$$T_0 - T = T_0 \frac{2\gamma}{\Delta U \rho r} \tag{2.35}$$

が求められる．孤立したナノ粒子においても，表面が融解した状態はこのモデルと同様に解釈できる．

融点降下 ($T_0 - T$) は粒径に反比例し，表面エネルギーに比例するので，表面エネルギーが大きくサイズが小さいナノ粒子の融点降下は大きくなる．これに関連して固相状態においても**構造揺動** (structural fluctuation) や擬融解等の構造不安定性が起こることも明らかにされている [20]．

(b) 規則-不規則相転移

化合物に代表される化学的規則構造 (chemically-ordered structure) を持つ物質は，高温において不規則化するが，ナノ粒子においては，この**規則-不規則相転移** (order-disorder transition) 点が融点と同様に下がることが知られている．

図 2.26 は室温における Au-75 at%Cu 合金[1]のナノ粒子の規則度のサイズ依存性を示した一例である [21]．ここで，**規則度** (degree of order) とは化学的規則度を示す．単位格子中の種類の異なる各原子の位置が完全に規則的に配列している状態を 1 とすると，それぞれの原子位置がその規則配列から外れることを不規則化といい，完全にランダムになった状態を 0 として，

---

[1] この合金は，Au 原子と Cu 原子が 25:75 の比率で存在し，化学量論組成では $AuCu_3$ 合金．

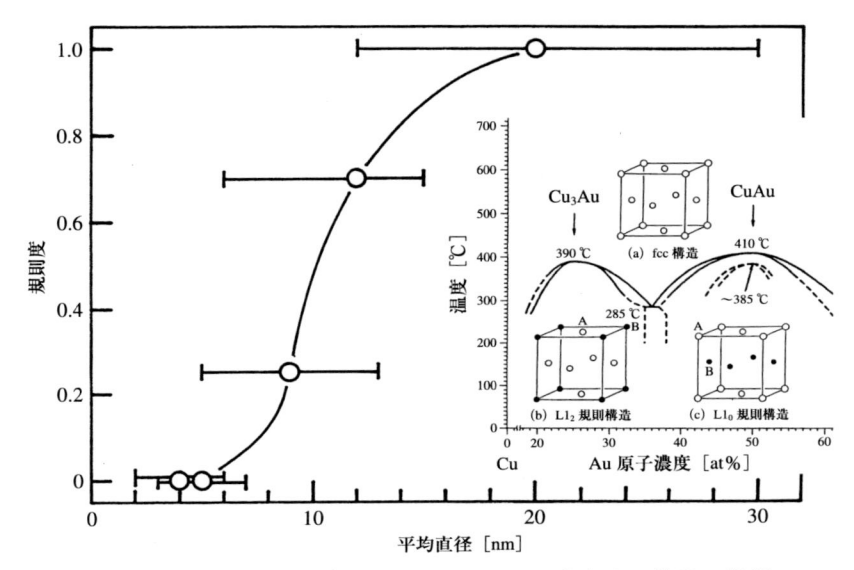

図 2.26 室温における Au-75 at%Cu(AuCu$_3$) 合金ナノ粒子の規則度のサイズ依存性 [21]

その中間の程度を表すパラメータである．バルクの AuCu$_3$ 合金は，390℃以下の温度においては L1$_2$ 規則構造 (fcc 構造の面心位置に Cu 原子，角の位置に Au 原子が配置) をとるが，高温においては，Cu 原子と Au 原子の位置がランダムになる fcc 構造になる．

図からサイズが 10 nm 以下になると急激に規則度が低下し，約 5 nm 以下では 0 になる．すなわち，サイズが小さくなると，規則-不規則相転移が起こるが，これはバルクで 390℃ の相転移点が，ナノ粒子のサイズが小さくなるとともに降下したことを示している [21]．図 2.27 は，相転移点をサイズの減少，すなわち，デバイ温度の減少量の関数として示した計算値である．約 5 nm 程度のナノ粒子において，デバイ温度が 140 K 程度減少すると，相転移点が室温以下に降下する．

(c) 平衡状態図

2 成分系以上の物質において，組成と温度を関数として生成する物質相の

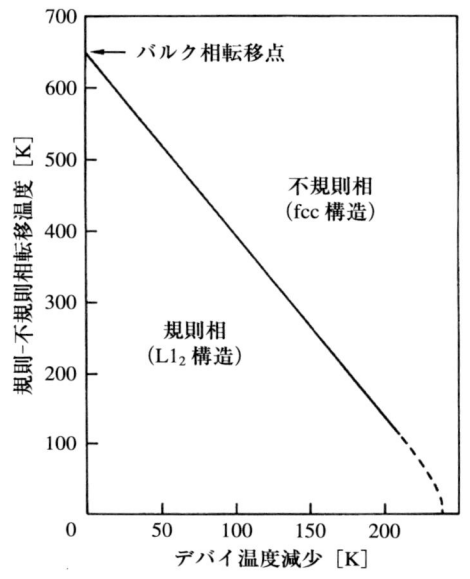

図 2.27 デバイ温度減少を関数とした相転移点 [21]

状態を表すために**平衡状態図** (equilibrinm phase diagram) が利用される．2成分系合金ナノ粒子はバルクと異なる相平衡を示す．

共晶反応を示すとともに，**化学量論組成** (stoichiometric composition) を持つ金属間化合物 A_xB_y が出現する典型的な 2 成分系平衡状態図を考える．図 2.28 は，ナノ粒子のサイズが変化したときに予測される平衡状態図の模式図である [22]．バルクの図 (a) では，成分 A と B の相互固溶度はきわめて低く，化学量論組成を持つ化合物相 A_xB_y が 1 種類存在する．ナノ粒子になり比較的サイズが大きい場合には，(b) 図に示すように，融点降下が起こるとともに各固溶体相と化合物相の固溶限が増加する．その結果，化学量論組成を持つ化合物相は，非化学量論組成においても格子欠陥の導入により化学量論組成と同じ結晶構造をとることが可能となる．ナノ粒子のサイズがさらに小さくなると，(c) に示すように，固溶体相と化合物相それぞれの固溶度はさらに増加する．このとき，2 相共存領域が完全に消失し，組成変化に伴い結晶固溶体相から**アモルファス合金** (amorphous alloy) 相へ連続的に相

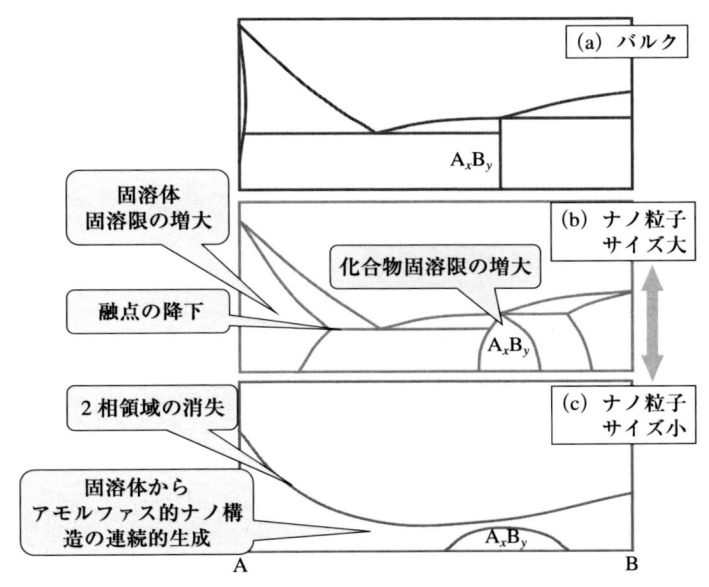

図 2.28 共晶反応を示し金属間化合物 A_xB_y が存在するバルクにおいて典型的な2成分系平衡状態図について，ナノ粒子のサイズが変化したときに予測される平衡状態図の模式図

変化することや，アモルファス合金相から化合物相へ不連続に相変化することが可能になる．また，温度変化に伴い液相からアモルファス合金相が連続的に晶出する [22]．

ナノ粒子のサイズによる相平衡の変化は，系の自由エネルギーの変化によって説明される．系の全自由エネルギーは，原子間の化学的相互作用エネルギー (chemical free energy)，原子サイズの差に起因する**格子歪エネルギー** (strain energy) および異相界面の存在による**界面エネルギー** (interfacial energy) の和で表される．ナノ粒子においては構成原子に対して自由表面を占める原子の割合が大きいため，格子歪は容易に開放される．また，ナノ粒子内部の異相界面は，それを占める原子の割合が大きくなり界面エネルギーを増加させるために，その形成が抑制される．すなわち，ナノ粒子においては格子歪や界面エネルギーの寄与は小さくなり，原子の化学的な環境を優先した構造が安定な平衡相となるように平衡状態図が変化する．

コラム

ナノの目玉がパッチリ！

　下の図は，電子ビームを当てることによって化合物ナノ粒子が分離する不思議な現象をとらえたものである．この"ナノの目玉"は粒径約 10 nm の GaSb 化合物ナノ粒子で見つかった．この化合物ナノ粒子は，もともと Ga と Sb 原子が 10^4 個程度集まり，交互に規則正しく並んでいる．ところが，これに電子ビームを当てると Sb 原子は粒子中心部に，また，Ga 原子は周囲に集まり，コア‐シェルからなる構造に分離し，瞳が開いたように見える．普通，Ga と Sb の化合物は原子が交互に並ぶ構造が安定であり，それぞれの原子を別々に分けて並べることはできない．ナノ粒子の世界では弱い電子ビームを当てるだけで原子を分けることができる．電子ビームがナノ粒子内部の原子どうしの相性を比較的簡単に変えることができるためである [23]．

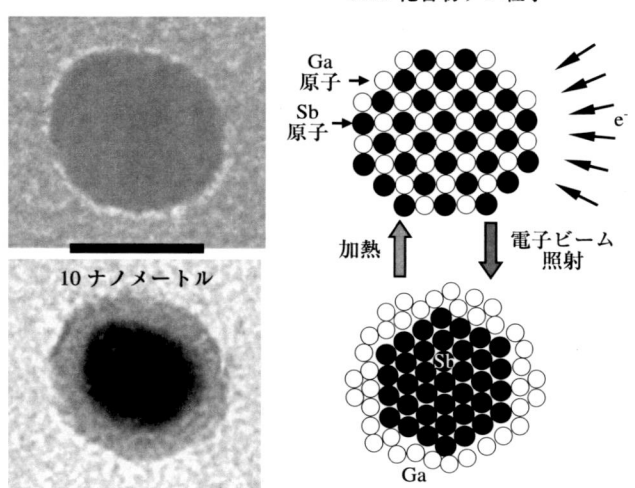

GaSb ナノ粒子の電子照射による相分離 [23]

第3章

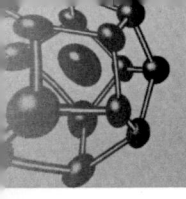

ナノ粒子の光学的性質

要約

本章では,ナノ粒子の物性のうち,光学的性質について学ぶ.ナノ粒子の光学的性質を理解するためには,本来,バルク結晶の光学的性質,あるいは光物性がどのように取り扱われているのかを理解しておく必要がある.バルク結晶の光学的性質といっても多岐にわたるが,非常に大きく分けると,固体物理学の教科書に書かれているように,古典論的な記述と量子論的な記述に分かれる.このような事情は,ナノ粒子でも全く同様である.本章では,まず古典論的な記述に基づいて,ナノ粒子の表面ポラリトンの概念と観測例について述べた後に,量子論的な扱いに基づいて,量子閉じ込め効果とその観測例について述べる.

3.1 バルク固体のポラリトン

3.1.1 マクスウェル方程式と波動方程式

電磁気学の教科書に記されているように[1],マクスウェル方程式 (Maxwell's equations) は,CGS ガウス単位系を用いると,以下のように書かれる.

$$\nabla \times \boldsymbol{E} = -\frac{1}{c}\frac{\partial \boldsymbol{B}}{\partial t} \tag{3.1}$$

---
[1] 不慣れな読者は,特に電磁波に関する記述を参照されたい.

$$\nabla \times \boldsymbol{H} = \frac{1}{c}\frac{\partial \boldsymbol{D}}{\partial t} + \frac{4\pi}{c}\boldsymbol{j} \tag{3.2}$$

$$\nabla \cdot \boldsymbol{D} = 4\pi\rho \tag{3.3}$$

$$\nabla \cdot \boldsymbol{B} = 0 \tag{3.4}$$

ここで，$\boldsymbol{E}$ は電場，$\boldsymbol{H}$ は磁場であり，$\boldsymbol{D}$ は電束密度，$\boldsymbol{B}$ は磁束密度である．ρ は電荷密度，$\boldsymbol{j}$ は電流密度である．c は光速である．媒質の**誘電率** (dielectric constant) を ε，**透磁率** (magnetic permeability) を μ とすると，媒質中では，

$$\boldsymbol{D} = \varepsilon\boldsymbol{E} = \boldsymbol{E} + 4\pi\boldsymbol{P} \tag{3.5}$$

$$\boldsymbol{B} = \mu\boldsymbol{H} = \boldsymbol{H} + 4\pi\boldsymbol{M} \tag{3.6}$$

が成り立つ．ここで，$\boldsymbol{P}$ と $\boldsymbol{M}$ は媒質中に生じる電気分極と磁化である．

(3.1)式は，磁束が時間的に変動すると起電力が発生するというファラデーの法則 (Faraday's law) を表している．また，(3.2)式は，電流の周りには磁場が発生するという，アンペールの法則 (Ampère's law) を表している．(3.3)式は，電荷の周りに電場が発散的に発生することを表している．(3.4)式の右辺はゼロになっているが，一定の極性を持つ単磁荷（モノポール）は存在せず，磁極の周りではかならず磁力線が閉じる形となり，電荷による電場の発生のように磁場が発散的に発生することはないということを表している．

一様な無限媒質中での電磁波を考えるために，(3.2)式の電流密度および(3.3)式の電荷密度をゼロとする．さらに，(3.1)式の両辺に $\nabla\times$ を作用させ，(3.2)式を用いて磁場を消去し，さらに $\nabla\times\nabla\boldsymbol{E} = \nabla(\nabla\cdot\boldsymbol{E}) - \nabla^2\boldsymbol{E}$ のベクトル公式を使うと，以下の**波動方程式** (wave equation) が得られる．

$$(\nabla^2 - \frac{\varepsilon\mu}{c^2}\frac{\partial^2}{\partial t^2})\boldsymbol{E} = 0 \tag{3.7}$$

ただし，∇^2 は微分演算子ラプラシアン (Laplacian) であり，$\nabla^2 = \frac{\partial^2}{\partial x^2} + \frac{\partial^2}{\partial y^2} +$

$\frac{\partial^2}{\partial z^2}$ を表す．磁場についても，(3.7) 式と全く同じ形の式が得られる．

電磁波は電場や磁場の波であるが，電場や磁場は波動方程式を満たさなければならない．逆に言えば，電磁波は波動方程式の解として与えられる．一様な無限媒質中での電磁波の最も基本的な形は，**平面波 (plane wave)** であり，平面波の電場は，$E = E_0 \exp\{i(k \cdot r - \omega t)\}$ と書ける．ここで，k は**波動ベクトル (wave vector)** と呼ばれ，波長を λ とすると，ベクトルの長さは $|k| = k = 2\pi/\lambda$ である．k の方向は，波の進行方向を表す．また，ω は角周波数である．この平面波が波動方程式の解であるための条件として，$k^2 = (\omega/c)^2 \varepsilon \mu$ が得られる．通常，ω/k は平面波の進む速度，つまり**位相速度 (phase velocity)** を表し，$v_p = \omega/k = c/\sqrt{\varepsilon\mu}$ となる．今，媒質は磁性を示さないとすると，$\mu = 1$ と置け，$v_p = c/\sqrt{\varepsilon}$ となる．このことから，媒質の**屈折率 (refractive index)** n が $n = \sqrt{\varepsilon}$ で与えられることが分かる．前述のように，ナノ粒子の光学的性質の古典的な記述では，光はマクスウェル方程式あるいは波動方程式を満たす電磁波として記述され，その中でも平面波の形が基本となることに留意されたい．

3.1.2 物質の誘電関数

(3.5) 式で ε は物質に固有な定数として入っている．ところが，物理的な意味を考えると，これは単に定数ではなく，物質の電場に対する応答を表す量であることが分かる．物質に電場を印加したとすると，物質内のプラスの荷電粒子は電場の方向に，マイナスの荷電粒子は電場とは反対の方向に力を受け，それぞれ変位する．実際に電荷の変位が生じたとすると，図 3.1 に模式的に示したように物質内に**電気分極 (electric polarization)** P が生じる．今，簡単のために電気分極が単純に電場に比例する形で発生すると仮定すると，$P = \chi E$ と書ける．ここで，χ は**電気感受率 (electric susceptibility)** である．この式を使うと，(3.5) 式は

$$\varepsilon E = E + 4\pi\chi E = (1 + 4\pi\chi)E \tag{3.8}$$

のようになり，結局，

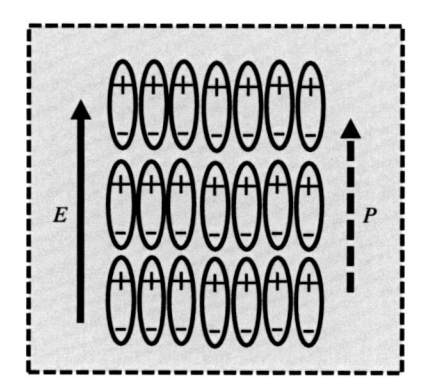

図 3.1 電場による物質内での電気分極の発生

$$\varepsilon = 1 + 4\pi\chi \tag{3.9}$$

を得る．χ は，電気分極のでき方を決める量であるから，これはもろに物質の電場に対する応答を与える量であることが分かる．さらに，ε は χ によって (3.9) 式のように与えられるので，結局 ε は電場に対する物質の応答を与える量だと言える．

電磁波に伴う電場は時間的に振動しており，光と物質が相互作用する際には，物質に印加される電場も時間的に振動している．振動電場で誘起される電気分極も当然時間的に振動するが，電気分極のでき方は電場の振動数によって異なるはずである．したがって，ε は振動数 ω の関数となり，$\varepsilon(\omega)$ と書くのがより一般的で，この関数は**誘電関数** (dielectric function) と呼ばれる．誘電関数は，もちろん物質の種類，周波数領域によって異なってくる．具体的にどのような関数になるのかを明らかにすることは，物性論の1つの課題である．詳しい議論は別の教科書 [1] にゆずるが，以下に本書での議論に必要となる典型的な3つの形を取りあげておく．

(a) ローレンツモデルに基づく誘電関数

上述のように，$\varepsilon(\omega)$ は物質に振動する電場が印加された場合の電気分極のでき方を反映する．物性論では電気分極のもとになる荷電粒子の種類や周

波数領域に応じて適切なモデルを立てて，$\varepsilon(\omega)$ の式を導出するのが一般的である．導出には，やはり量子論的なものと古典論的なものが存在する．ここでは，簡単のために古典論的な運動方程式に基づいた導出を紹介する．物質の可視光に対する応答を考える．可視光の振動に追従して電気分極を作り出すのは電子である．物質中には原子に束縛されて自由には動けない**束縛電子 (bound electron)** と，原子の束縛から解放されている**自由電子 (free electron)** が存在する．ここでは，まず束縛電子を考え，電場 E の下での運動が簡単に，

$$m\frac{d^2 r}{dt^2} + m\gamma\frac{dr}{dt} + m\omega_0^2 r = -eE \tag{3.10}$$

の形に書けるものとする．ここで，m は電子の質量，e は電荷，そして r は変位を表す．(3.10) 式は，あたかも電子が原子核にバネでつながれていて，平衡位置から変位すると復元力 $m\omega_0^2 r$ が働き，抵抗力 $m\gamma\frac{dr}{dt}$ の下で振動しているということを表している．γ は抵抗力の強さを表す定数で，**ダンピング定数 (damping constant)** と呼ばれる．上述のようなモデルは**ローレンツモデル (Lorentz model)** と呼ばれ，また上の様な運動方程式に従う荷電粒子の振動は，しばしば**ローレンツ振動子 (Lorentz oscillator)** と呼ばれる．

電場も電子も $e^{-i\omega t}$ に従って振動すると仮定し，$r = r_0 e^{-i\omega t}$ および $E = E_0 e^{-i\omega t}$ と書いて (3.10) 式に代入すると，

$$r_0 = -\frac{eE_0}{m}\frac{1}{(\omega_0^2 - \omega^2) - i\gamma\omega} \tag{3.11}$$

が得られる．さらに，電子の変位に伴う電気分極は，$p = -er$ と書けるので，

$$p = \frac{e^2}{m}\frac{1}{(\omega_0^2 - \omega^2) - i\gamma\omega}E_0 e^{-i\omega t} \tag{3.12}$$

が求まる．本書で扱う固体は，原子の集合体であり，マクスウェル方程式に現れる電気分極 P は，単位体積当たりの平均値である．単位体積当たり N 個の原子が存在し，簡単のために電気分極が $P = Np$ のように与えられるとすると，

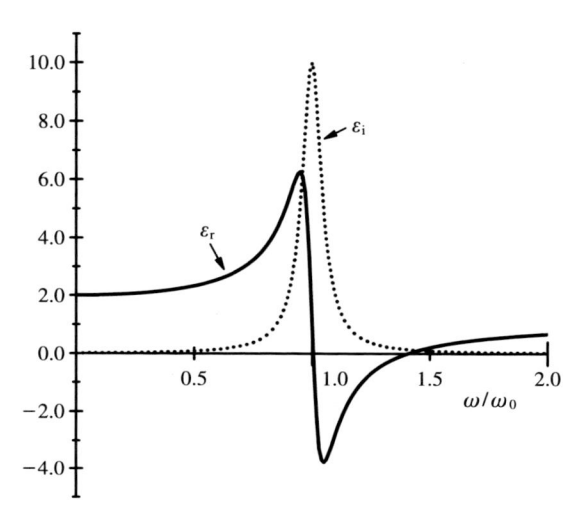

図 3.2 ローレンツモデルによる誘電関数の実数部と虚数部のプロット

$$P = \frac{Ne^2}{m} \frac{1}{(\omega_0^2 - \omega^2) - i\gamma\omega} E_0 e^{-i\omega t} \tag{3.13}$$

となる．上述のように，(3.13) 式の電場の前の係数は，電気感受率 χ であるので，(3.9) 式より結局，

$$\varepsilon(\omega) = 1 + \frac{4\pi Ne^2}{m} \frac{1}{(\omega_0^2 - \omega^2) - i\gamma\omega} \tag{3.14}$$

が得られる．

以上のようにローレンツモデルに対応する誘電関数の形が具体的に求まった．$\varepsilon(\omega)$ は一般的には複素数となり，虚数部はダンピング定数 γ が大きいほど大きい値をとる．図 3.2 は，$\varepsilon(\omega)$ の実数部 ε_r と虚数部 ε_i の ω 依存性をプロットしたものである．この図は，(3.14) 式で $\gamma/\omega_0 = 0.1$ ととり，$(\frac{4\pi Ne^2}{m})/\omega_0 = 1.0$ とし，ω/ω_0 を横軸にとってプロットしたものである．図から分かるように，虚数部はピークを示し，$\omega = \omega_0$ で最大値をとる．また，実数部は ω の増加とともに増加し，いったんピークを示した後に負の値をとり，最小値を過ぎてからまた増加し正の値に転じて，最終的に 1 に漸近する．

通常，物質による光吸収は誘電関数の虚数部と結びついており，虚数部がピークを持つとそれに対応して光吸収もピークを持つ．もし束縛電子を量子力学で記述すると，離散的な電子準位が導かれる．量子力学的には，光吸収のピークは基底状態から励起状態に電子が光励起される際に生じると解釈される．今，基底状態と励起状態のエネルギー差を ΔE とすると，上述の古典論での吸収ピークに対応する ω_0 は，$\Delta E = \hbar\omega_0$ のように対応付けることができる．実際，量子力学的な考察から $\varepsilon(\omega)$ を導出しても，(3.14)式に非常によく似た式が導かれる [1].

(b) 金属の誘電関数

金属の特徴は，**自由電子 (free electron)** を多く含んでいることにある．自由電子に対する運動方程式を出発点として，(a) 項と同様の取扱いで金属の誘電関数を求めることも可能であるが，それは結局 (3.10) 式の運動方程式で復元力の項をゼロとすることと同じことになる．したがって，(3.14) 式の ω_0 をゼロと置き，$\omega_\mathrm{p} = \sqrt{\frac{4\pi N e^2}{m}}$ で定義される**プラズマ周波数 (plasma frequency)** ω_p を導入することによって，金属の誘電関数は，

$$\varepsilon(\omega) = 1 - \frac{\omega_\mathrm{p}^2}{\omega^2 + i\gamma\omega} \tag{3.15}$$

のように求められる．このような形の誘電関数は，しばしば最初に導いたドルーデの名前を取って**ドルーデ型誘電関数 (Drude type dielectric function)** と呼ばれる．現実の金属の誘電関数には，必ずしも自由電子のみならず，**バンド構造 (band structure)** を反映した**バンド間遷移 (interband transition)** の寄与もある．バンド間遷移についての詳しい議論は，本書の 3.2.5(b) 項および文献 [1] 他を参考にされたい．

(c) イオン結晶の光学フォノンに伴う誘電関数

NaCl や KBr のような，いわゆる**イオン結晶 (ionic crystal)** は，正および負イオンが隣り合って規則正しく配列することによりできている．そのようなイオンがお互いに変位すると，それに伴って電気分極が生じる．通常，結晶中では**格子振動 (lattice vibration)** と呼ばれる原子の振動 (平衡位置からの

変位) が平面波の形で伝搬する．また，格子振動を量子化したものは，フォノン (phonon) と呼ばれる．さらに，フォノンのなかでも光と相互作用できるものは光学フォノン (optical phonon) と呼ばれる．イオン結晶では，光学フォノンに電気分極の振動が付随することになる．光学フォノンの周波数は，赤外線から遠赤外線あたりの周波数である．したがって，その周波数領域での $\varepsilon(\omega)$ は光学フォノンによって決定されることになる．

ここでは，詳しい導出過程は省略するが，赤外領域のイオン結晶の誘電関数は，

$$\varepsilon(\omega) = \varepsilon_\infty + \frac{(\varepsilon_0 - \varepsilon_\infty)\omega_{\text{TO}}^2}{(\omega_{\text{TO}}^2 - \omega^2) - i\gamma\omega} \tag{3.16}$$

のように書ける．ここで，ω_{TO} は横光学フォノン (transverse optical phonon) の振動数，ε_0 と ε_∞ は，それぞれ高周波数誘電率 (high-frequency dielectric constant)，低周波数誘電率 (low-frequency dielectric constant) と呼ばれる．この式は，(3.14) 式と非常に似通った形をしているが，もともとの物理的な背景が異なることに注意されたい．(3.16) 式を図示すると，図3.2と酷似した図が得られる．ただし，横軸の周波数の領域が全く異なることに注意を要する．$\varepsilon(\omega)$ の実数部は，ω_{TO} を過ぎて負の値をとるが，ω の増加とともに絶対値は小さくなり，ある ω のときに横軸と交わる．さらに ω が増加すると，正の値をとり，ε_∞ の値に漸近していく．横軸と交わる振動数 ω_{LO} は，縦光学フォノン (longitudinal optical phonon) の振動数である．縦，横光学フォノンの振動数と，高周波数，低周波数誘電率の間には，リデイン・ザックス・テラーの式 (Lyddane-Sachs-Teller relation)，

$$\frac{\omega_{\text{LO}}^2}{\omega_{\text{TO}}^2} = \frac{\varepsilon_0}{\varepsilon_\infty} \tag{3.17}$$

が成立する [2]．これは，$\gamma = 0$, $\varepsilon(\omega_{\text{LO}}) = 0$ と置くと，(3.16) 式から容易に求めることができる．以上に述べてきた誘電関数は，どれもある周波数領域で負の値をとるということを，頭に残しておいてほしい．ナノ粒子の光学的性質を考える後の章では，このことが大変重要となる．

3.1.3 ポラリトンとは？

固体の光学的性質を考える際に重要となる概念の1つがポラリトン (polariton)[2, 3] である．またポラリトンの概念を理解するためには，**素励起** (elementary excitation)[2, 3] というものを理解しておく必要がある．一般に，固体が絶対零度に置かれているとすると，それはある意味では死の世界であって，原子や電子の運動は止まっており，エネルギーはゼロの状態にあるといえる．しかし，固体が，たとえば室温の状態にあるとすると，外界とのエネルギーのやり取りによって熱的な平衡状態を保ち，固体は様々な形でエネルギーを保有していることになる．そのようなエネルギーの在り方の1つが，素励起と呼ばれるものである．具体的には，**フォノン** (phonon)，**プラズモン** (plasmon)，**エキシトン** (exciton) と呼ばれるような，固体物理でよく出てくる，いわゆる最後に on がつく量子である．詳しい記述は，固体物理の教科書 [2,3] にゆずるが，フォノンは，格子振動を量子化したもの，プラズモンは自由電子の集団振動を量子化したもの，エキシトンは電子正孔対（励起子）の運動を量子化したものである．

例として，**イオン結晶** (ionic crystal) のフォノンを考えてみる．イオン結晶の格子振動では正および負電荷を持つイオンがお互いに平衡位置の周りに変位するので，電気分極の振動を伴うことになる．このような場合，電気分極の振動は電磁場の振動を生み出す．また，正負イオンは電場による力を受けるので，電磁場の振動は正負イオンの運動に影響を及ぼすことになる．したがって，フォノンと電磁場の振動は切り離せない関係になり，このようなことを固体物理ではフォノンと電磁場の振動が結合しているといった表現をする．同様に，プラズモンにもエキシトンにも電気分極が伴っているので，同じように電磁場との結合が生じる．一般に，（電気分極を伴う）素励起と電磁場の振動（光）が結合したものをポラリトンと呼ぶ．基になる素励起の種類に応じて，それぞれフォノンポラリトン，プラズモンポラリトン，エキシトンポラリトンのように呼ぶ．

バルク固体では，ポラリトンも**平面波** (plane wave) の形をとるので，**分散関係** (dispersion relation)（波動ベクトル k と周波数 ω との関係）が，そ

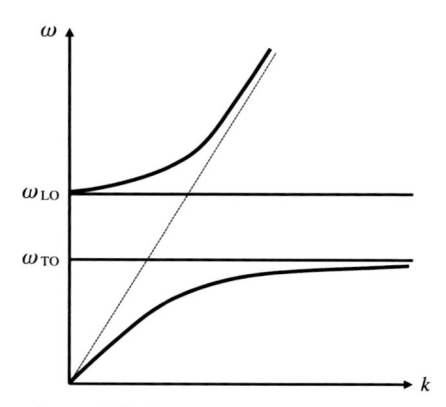

図 3.3　イオン性結晶のフォノンポラリトンの分散関係

れぞれのポラリトンを特徴づけることになる．通常，バルク固体のポラリトンの分散関係は，マクスウェル方程式と素励起に付随する電気分極波の運動方程式を組み合わせ，電磁場と素励起の結合系の解を得ることにによって導かれる．もし，誘電関数の具体的な形が与えられているときには，単純に電場や磁場の平面波がマクスウェル方程式を満たす条件として，ポラリトンの分散関係が導かれる [3]．実際，固体の $\varepsilon(\omega)$ が分かっているとすると，ポラリトンの分散関係は，

$$\frac{c^2 k^2}{\omega^2} = \varepsilon(\omega) \tag{3.18}$$

で与えられる．この分散関係の導出についての詳しい説明は，文献 [3] を参照されたい．

　以上は，あくまでもバルク固体でのポラリトンの概念である．後に述べるナノ粒子では，さらに進んだ表面ポラリトンという概念が必要になってくる．後の議論でナノ粒子との比較を行うために，ここでは (3.16) 式と (3.18) 式を組み合わせて得られるフォノンポラリトンの分散関係を図 3.3 に示しておく．過去に，このようなポラリトンの分散関係が実験的に求められ，それに基づき固体の様々な光学的性質が論じられている [3]．

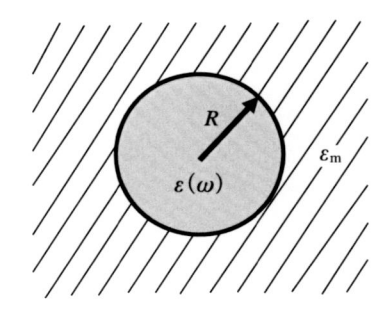

図 3.4 誘電率 ε_m の媒質中に置かれた，半径が R 誘電関数が $\varepsilon(\omega)$ の球形粒子

3.2 球形粒子の表面ポラリトン

前節までで準備が整ったので，いよいよここから本題であるナノ粒子の**表面ポラリトン (surface polariton)** について考察する．バルク固体の議論では，表面が存在することは忘れていても良かった．しかし，ナノ粒子は表面の存在する系であり，問題を解く際には，表面での境界条件を考慮する必要がある．表面での境界条件をも満たすポラリトンモードは，表面ポラリトンモードと呼ばれる．ここでは，簡単のために図 3.4 に示したような，誘電率 ε_m の媒質中に半径 R の球形粒子が置かれた系を考察の対象とする．粒子は，誘電関数 $\varepsilon(\omega)$ を持っているものとする．

3.2.1 任意の半径を持つ球の表面ポラリトン

球形粒子に特有の表面ポラリトンモードを求める問題は，マクスウェル方程式を満たし，かつ表面での境界条件を満たすような電磁気的モードの解を求めるという問題になる [4]．電場や磁場が $e^{-i\omega t}$ に従って振動しているとすると，マクスウェル方程式から導かれる波動方程式は，以下のヘルムホルツ方程式 (Helmholtz equation) となる．

$$(\nabla^2 + k^2)\boldsymbol{E} = 0 \tag{3.19}$$

ただし，k は球の内部で $k_\mathrm{i} = (\omega/c)\sqrt{\varepsilon(\omega)}$，球の外部で $k_\mathrm{o} = (\omega/c)\sqrt{\varepsilon_\mathrm{m}}$ で与え

られる．磁場についても同じ式が成り立つ．上のヘルムホルツ方程式は，偏微分方程式でその解き方は良く知られているが，以下では電場，磁場を求めるのに都合の良い方法を紹介する [4]．

(3.19) 式はベクトルに対する方程式であるが，その解は以下のスカラーに対するヘルムホルツ方程式の解から導けることが知られている．

$$(\nabla^2 + k^2)\varphi = 0 \tag{3.20}$$

この方程式の解は，極座標系 (r, θ, ϕ) を用いると，

$$\varphi_{lm} = z_{lm}(kr)Y_{lm}(\theta, \phi), \quad l = 1, 2, \cdots, \quad m = 0, \pm 1, \cdots, \pm l \tag{3.21}$$

のように書ける．ここで $z_{lm}(kr)$ は球ベッセル関数 (spherical Bessel function) または球ハンケル関数 (spherical Hankel function) である．$Y_{lm}(\theta, \phi)$ は球面調和関数 (spherical harmonics) である．

スカラーヘルムホルツ方程式の解が求まっていると，その解から以下の2つのベクトルを導出することができる．

$$\boldsymbol{M}_{lm} = \nabla \times (\boldsymbol{t}\varphi_{lm}) \tag{3.22}$$

$$\boldsymbol{N}_{lm} = \frac{1}{k}\nabla \times \boldsymbol{M}_{lm} \tag{3.23}$$

ここで，$\boldsymbol{t}$ は単位ベクトルである．ベクトル $\boldsymbol{M}_{lm}$ および $\boldsymbol{N}_{lm}$ が (3.19) 式のベクトルヘルムホルツ方程式の解になっていることは，簡単に示すことができる．さらに，$\boldsymbol{M}_{lm} = (1/k)\nabla \times \boldsymbol{N}_{lm}$ が成立することも示せる．以上で，スカラーヘルムホルツ方程式の解から，ベクトルヘルムホルツ方程式の解を導けることが分かった．

上述の解を実際の電場と磁場に対応させる場合には次の2通りの対応が考えられる．

$$\text{TE モード：} \boldsymbol{E} \propto \boldsymbol{M}_{lm}, \quad \boldsymbol{H} \propto \boldsymbol{N}_{lm} \tag{3.24}$$

$$\text{TM モード：} \boldsymbol{E} \propto \boldsymbol{N}_{lm}, \quad \boldsymbol{H} \propto \boldsymbol{M}_{lm} \tag{3.25}$$

TE モード (transverse electric mode), TM モード (transverse magnetic

3.2 球形粒子の表面ポラリトン

mode) の意味は，後ほど明らかになる．

まず TM モードの電場，磁場について考察する．A_{lm} を係数として，$E = A_{lm}N_{lm}$ とすると，磁場はマクスウェル方程式の (3.1) 式を用いて，$H = -iA_{lm}k(c/\omega)M_{lm}$ となる．(3.21) 式を考慮して球内外の電場，磁場の成分を極座標系で書き下すと，以下のようになる．球の内部では，

$$E_r^i = A_{lm}^i \frac{l(l+1)}{k_i r} j_l(k_i r) Y_{lm} \tag{3.26}$$

$$E_\theta^i = A_{lm}^i \frac{1}{k_i r} [k_i r j_l(k_i r)]' \frac{\partial Y_{lm}}{\partial \theta} \tag{3.27}$$

$$E_\phi^i = A_{lm}^i \frac{im}{k_i r \sin\theta} [k_i r j_l(k_i r)]' Y_{lm} \tag{3.28}$$

$$H_r^i = 0 \tag{3.29}$$

$$H_\theta^i = A_{lm}^i \sqrt{\varepsilon(\omega)} \frac{m}{\sin\theta} j_l(k_i r) Y_{lm} \tag{3.30}$$

$$H_\phi^i = iA_{lm}^i \sqrt{\varepsilon(\omega)} j_l(k_i r) \frac{\partial Y_{lm}}{\partial \theta} \tag{3.31}$$

のように与えられる．球の外部では，

$$E_r^o = A_{lm}^o \frac{l(l+1)}{k_o r} h_l(k_o r) Y_{lm} \tag{3.32}$$

$$E_\theta^o = A_{lm}^o \frac{1}{k_o r} [k_o r h_l(k_o r)]' \frac{\partial Y_{lm}}{\partial \theta} \tag{3.33}$$

$$E_\phi^o = A_{lm}^o \frac{im}{k_o r \sin\theta} [k_o r h_l(k_o r)]' Y_{lm} \tag{3.34}$$

$$H_r^o = 0 \tag{3.35}$$

$$H_\theta^o = A_{lm}^o \sqrt{\varepsilon_m} \frac{m}{\sin\theta} h_l(k_o r) Y_{lm} \tag{3.36}$$

$$H_\phi^o = iA_{lm}^o \sqrt{\varepsilon_m} h_l(k_o r) \frac{\partial Y_{lm}}{\partial \theta} \tag{3.37}$$

のように与えられる．上式で $j_l(kr)$ と $h_l(kr)$ はそれぞれ球ベッセル，球ハンケル関数であり，[ ]' のダッシュは変数に関する微分を表す．ここで注意を要するのは，上式から分かるように TM モード (transverse magnetic mode) は球内外で磁場の動径成分 (H_r^i, H_r^o) がゼロとなるようなモードである．ここでは具体的な形は示さないが，TE モード (transverse electric mode) は球内外で電場の動径成分 (E_r^i, E_r^o) がゼロとなるようなモードである．

球粒子の表面ポラリトンモードは，表面での境界条件を満たす必要がある．実際に，$r = R$ で電場の接線成分が連続 ($E_\theta^i = E_\theta^o$)，電束密度の法線成分が連続 ($\varepsilon(\omega)E_r^i = \varepsilon_m E_r^o$) であるという条件を書くと，

$$A_{lm}^i \frac{1}{k_i R}[k_i R j_l(k_i R)]' = A_{lm}^o \frac{1}{k_o R}[k_o R h_l(k_o R)]' \tag{3.38}$$

$$A_{lm}^i \sqrt{\varepsilon(\omega)} j_l(k_i R) = A_{lm}^o \sqrt{\varepsilon_m} h_l(k_o R) \tag{3.39}$$

を得る．係数 A_{lm}^i と A_{lm}^o がゼロでない解を持つ条件として，

$$\varepsilon_m h_l(k_o R)[k_i R j_l(k_i R)]' - \varepsilon(\omega) j_l(k_i R)[k_o R h_l(k_o R)]' = 0 \tag{3.40}$$

が求まる．この式を満たすような ω が TM モードの周波数を与えることになる．以上，TM モードについて行ったことと同じことを TE モードについても行うと，

$$j_l(k_i R)[k_o R h_l(k_o R)]' - h_l(k_o R)[k_i R j_l(k_i R)]' = 0 \tag{3.41}$$

を得る．これが TE モードの周波数を与えることになる．

以上で，球形粒子に特有の表面ポラリトンモードが存在することが示された．粒子の $\varepsilon(\omega)$ が素励起の応答を表しているときには，バルクのポラリトンに対応して，表面ポラリトンと呼ぶのが正確な呼び方になる．ただ，必ずしも $\varepsilon(\omega)$ は特定の素励起に対応していなくても，上述のようなヘルムホルツ方程式の解は存在する．本書では，そのような場合も含めて，粒子の電磁気的固有モード (electromagnetic normal mode) と呼んでおく．これらのモードは，しばしばウィスパリングギャラリーモード (Whispering Gallery Mode) と呼ばれることもある．日本語では，囁きの回廊モードということ

3.2 球形粒子の表面ポラリトン　　71

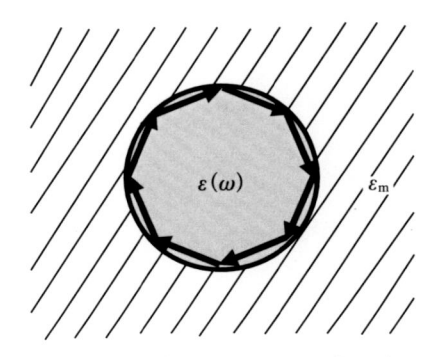

図 3.5 ウィスパリングギャラリーモード (Whispering Gallery Mode) の模式図

になる．ウィスパリングギャラリーモードを模式的に示したものが，図 3.5 である．球形粒子の中を光が伝播する際に，全反射を繰り返し，球を一周して元に戻ったとする．そのときに，ちょうど位相がそろうと，定在波が形成される．実際の電磁場は，(3.26) 式から (3.37) 式のように，複雑な形になるが，球形粒子に閉じ込められた定在波がウィスパリングギャラリーモードであると言える．このようなモードをウィスパリングギャラリーモードと名付けたのは英国のレーリー卿 (Lord Rayleigh)[5] であり，カトリック教会の屋根裏の円形のドーム内で，誰かがひそひそ話をすると，ドームの壁に沿って音波が伝わり，反対側にいる人にも話が聞こえる現象の解明に端を発している．

3.2.2　球形粒子の光学応答：ミー散乱の理論

（a）ミー理論の概要

　球形の粒子に光が入射したとする．このとき，考えられることは，光の一部は散乱され色々な方向に出ていき，また粒子が吸収性の物質の場合には，一部は粒子に吸収されてしまう．光の進行方向側から観測すれば，散乱と吸収によって，粒子が存在しない場合に比べると光の強度が小さくなって観測される．つまり，光の散乱と吸収によって減光が生じる．このような減光の問題は，既に 20 世紀初頭の 1908 年に Gustav Mie によって厳密に解かれ

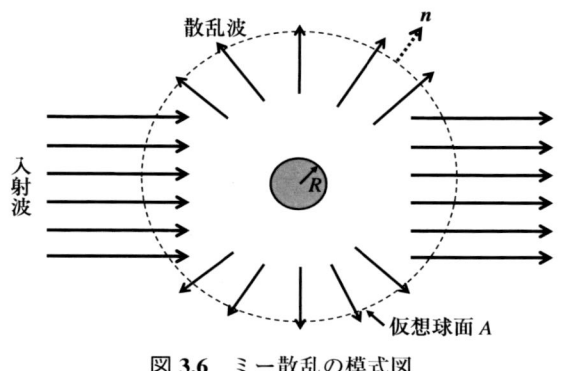

図 3.6 ミー散乱の模式図

[6], ミー理論 (Mie theory) としてよく知られている. G. Mie は, Ag や Au のコロイド粒子が黄色や赤色に着色して見える現象を解明するために, 理論解析を行った.

ミー理論は, 平面波 (plane wave) の形の電磁波が一個の球粒子に入射したときに, 散乱と吸収の割合を表す**散乱断面積** (scattering cross section) と**吸収断面積** (absorption cross section) を与える理論である. 図 3.6 のように, 誘電関数 $\varepsilon(\omega)$ を持つ半径 R の球粒子に電磁波が入射したとする. 入射した電磁波は, 球によって吸収されたり散乱されたりするが, それらの度合いは, 図に示したように, 球の半径より十分に大きい半径を持つ仮想球表面を通過する電磁波のエネルギーの収支を計算することで得られる. たとえば, 散乱光の Poynting ベクトルを S_{scat} とすると, 仮想球面を通過してゆく散乱光の全エネルギーは, $W_{\text{scat}} = \int_A S_{\text{scat}} \cdot n \, dA$ のような表面積分から求められる. ここで, n は仮想球面の外向きの法線方向の単位ベクトル, $\int_A dA$ は, 球面全体に渡る表面積分を表す. 入射光の強度を I_i とすると, 散乱断面積 (scattering cross section) は, $C_{\text{scat}} = W_{\text{scat}}/I_i$ で与えられる. また, 球粒子の断面積 πR^2 を使うと, **散乱効率** (scattering efficiency) は $Q_{\text{scat}} = C_{\text{scat}}/\pi R^2$ で与えられる. 導出の詳細は, 他の教科書 [7, 8] にゆずるが, **吸収効率** (absorption efficiency) Q_{abs} と散乱効率 Q_{scat} を足し合わせた**減光効率** (extinction efficiency) Q_{ext} は, 以下のように与えられる.

$$Q_{\text{ext}} = Q_{\text{abs}} + Q_{\text{scat}} = -\frac{2}{(k_0 R)^2} \sum_{l=1}^{\infty} (2l+1)\text{Re}(a_l + b_l) \tag{3.42}$$

また，Q_{scat} と Q_{abs} はそれぞれ，

$$Q_{\text{scat}} = \frac{2}{(k_0 R)^2} \sum_{l=1}^{\infty} (2l+1)(|a_l|^2 + |b_l|^2) \tag{3.43}$$

$$Q_{\text{abs}} = Q_{\text{ext}} - Q_{\text{scat}} \tag{3.44}$$

から求められる．ここで，a_l と b_l はミー係数 (Mie coefficient) と呼ばれ，

$$a_l = -\frac{j_l(k_i R)[k_o R j_l(k_o R)]' - j_l(k_o R)[k_i R j_l(k_i R)]'}{j_l(k_i R)[k_o R h_l(k_o R)]' - h_l(k_o R)[k_i R j_l(k_i R)]'} \tag{3.45}$$

$$b_l = -\frac{\varepsilon_m j_l(k_o R)[k_i R j_l(k_i R)]' - \varepsilon(\omega) j_l(k_i R)[k_o R j_l(k_o R)]'}{\varepsilon_m h_l(k_o R)[k_i R j_l(k_i R)]' - \varepsilon(\omega) j_l(k_i R)[k_o R h_l(k_o R)]'} \tag{3.46}$$

のように書かれる．上式から分かるように，ミー係数の分母がゼロに近づくと，減光効率は大きな値を持ち，減光の共鳴ピークを与えることになる．ここで，注意したいのは，(3.45) 式の分母 = 0 は，前項の (3.41) 式で与えられる TE モードの条件に一致し，(3.46) 式の分母 = 0 は，(3.40) 式で与えられる TM モードの条件に一致するということである．このことに着目すると，結局球形粒子の光吸収や光散乱のピークは，球粒子の TE モードや TM モードに入射光が共鳴したときに生じることが分かる．別の言葉で言えば，光吸収や光散乱のピークは，球粒子の電磁気的固有モードの励起に対応して表れるということができる．

(b) ミー理論による計算例

図 3.7 に，ミー理論に基づいて Si および Ag 粒子について実際に計算した減光効率 Q_{ext} の結果を示す．どちらも $R = 100$ nm としている．計算に必要な $\varepsilon(\omega)$ の値は，文献値 [9] を使用している．図から分かるように，Si でも Ag でも減光効率に共鳴ピークが表れている．これらのピークは，上述のように球粒子の電磁気的固有モードの励起に対応しているはずである．実際

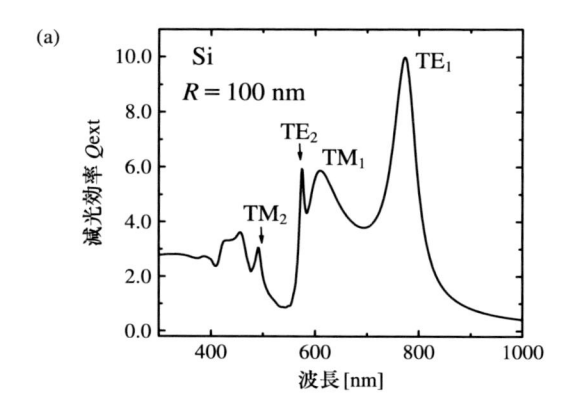

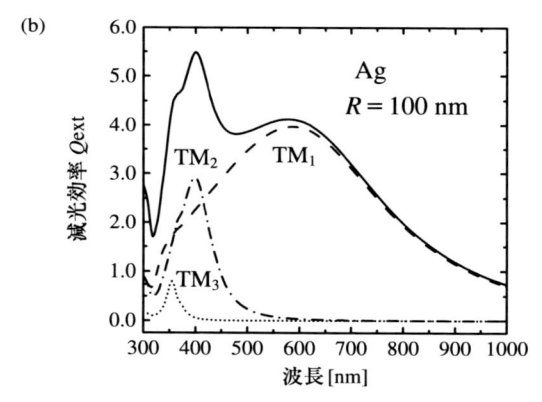

図 3.7 ミー理論で計算した (a)Si 粒子および (b)Ag 粒子の減光効率 ($R = 100$ nm)

に (3.42) 式の右辺の各項を別々に出力すると TM モードなのか TE モードなのか，また次数 l が何次のモードであるのかが判定できる．そのような判定の結果，Si 粒子では，図 3.7(a) に示したように，TE_1, TE_2, TM_1, TM_2 モードの共鳴が現れていることが分かる．また，図 3.7(b) のように，Ag 粒子では，TM_1, TM_2, TM_3 モードの共鳴が現れており，それぞれの寄与は破線で示したようになる．Si 粒子の場合には，TE_l, TM_l どちらのモードについても共鳴ピークが現れているが，Ag では TM_l モードのピークしか現れない．これ

は，図に示した光の波長領域でSiの誘電関数の実部が正の値を持つのに対して，Agは負の値を持つことに原因がある．後に詳しく述べるが，Ag粒子のTM$_l$モードは表面プラズモンモードにほかならない．以上の実例から，ミー散乱の共鳴ピークは，球粒子の電磁気的固有モードに対応していることが理解できる．

図3.8に，Ag粒子の半径をそれぞれ，100, 60, 20 nmとしたときのQ_{ext}のスペクトルを示している．前述のように，Q_{ext}はQ_{scat}とQ_{abs}の和で与えられるので，図にはQ_{scat}とQ_{abs}も同時に示してある．これらの図を見比べると，粒子の光学応答がサイズにどのように依存するのかが分かる．まず，サイズが小さくなると高次の共鳴ピークが消えていき，最終的には最低次のピークのみが残ることが分かる．実際，$R = 100$ nmでは，TM$_1$からTM$_3$モードまでの寄与が見られるが，$R = 60$ nmでは，TM$_1$とTM$_2$の共鳴ピークのみになる．さらに，$R = 20$ nmでは，非常にシンプルに最低次のTM$_1$モードのみになる．この減光のピークは，十分小さいAg粒子に現れる，表面プラズモン共鳴のピークである．

サイズ依存性についてさらに注意したい点は，Q_{ext}に占めるQ_{scat}とQ_{abs}の割合の変化である．図3.8から，モードの次数によって度合いは異なるものの，粒子サイズが大きいとQ_{scat}が大きな割合を占めるが，粒子サイズが小さくなるに従って，Q_{abs}の割合が増加することが分かる．入射光の波長に対して十分小さい粒子では，最終的にはQ_{abs}が支配的になる．実際，$R = 20$ nmの粒子では，Q_{abs}が支配的になっていることが分かる．ここでは，Ag粒子についてサイズ依存性を見たが，サイズが小さいほど次数の低いモードの共鳴が現れること，またサイズが小さいほどQ_{abs}の割合が大きくなることは，他の粒子でも見られる一般的な傾向である．

3.2.3 小さい球の表面モード

（a）表面モードの導出

ミー散乱の理論は任意の半径Rを持つ球形粒子に対して適用可能であるが，光の波長に対して十分小さい粒子については，より簡単な取扱いが可能となる．ここでは，そのような取扱いについて述べ，表面プラズモン (sur-

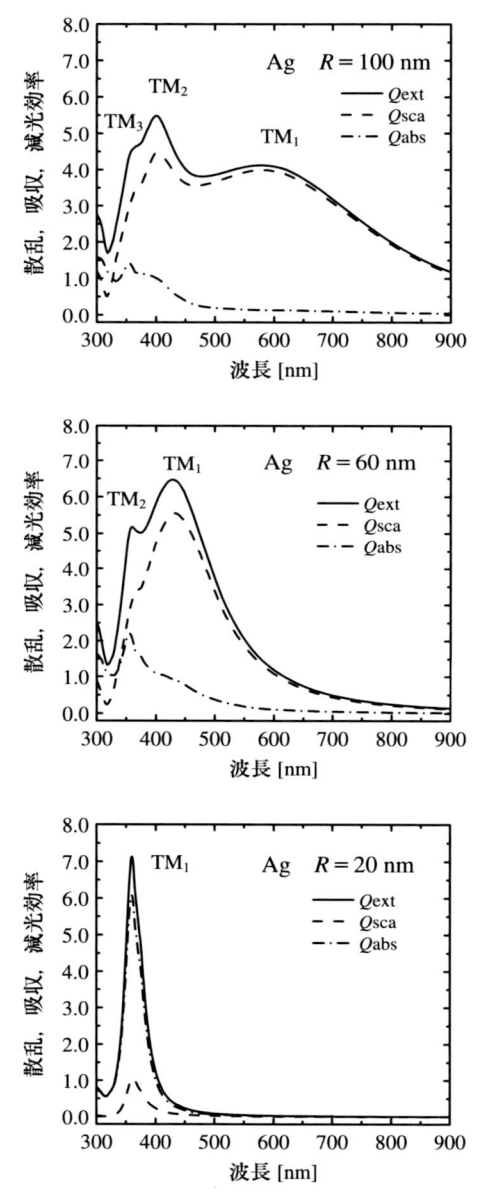

図 3.8 $R = 100, 60, 20$ nm の Ag 粒子の減光効率，散乱効率，吸収効率

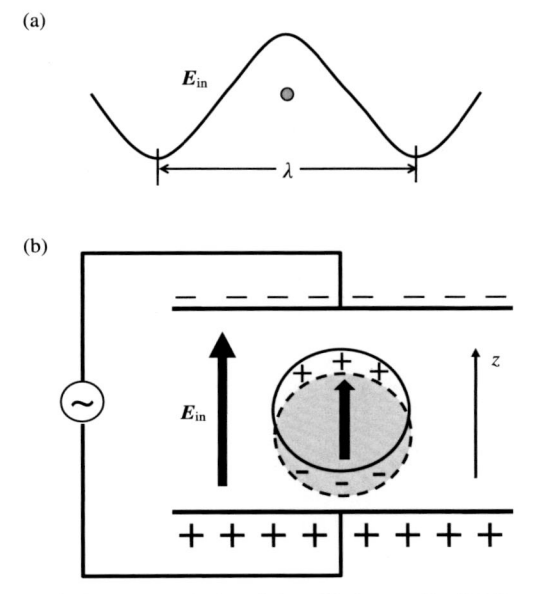

図 3.9 (a) 波長に比べて十分に小さい粒子，(b) 静電近似の概念図

face plasmon)，表面フォノン (surface phonon) といった粒子での**表面素励起** (surface elementary excitation) について説明する．一般に，電磁波が媒質内を伝搬する際，ある距離を伝搬するのには有限の時間を要し，いわゆる**遅延効果** (retardation effects) が生じる．ミーの理論はこのような遅延効果を考慮した取扱いであり，マクスウェル方程式の全てを考慮して問題が解かれる．ところが，図 3.9(a) に示したような光の波長に比べて十分に小さい粒子では，電磁波は瞬時に伝搬すると近似的に見なせ，遅延効果は無視することができる．このような場合には，光速 c を無限大と見なすと，マクスウェル方程式の時間微分が入った項をゼロと見なすことができる．したがって，用いる方程式は静電場の場合と同じになるので，このような取扱いは**静電近似** (electrostatic approximation) と呼ばれる．粒子の大きさのスケールでは，電場の空間的な変動は無視でき，図 3.9(b) に示したように，電場は時間的に変動してはいるものの，空間的には一様な電場が印加されたものと見なす

ことができる．

実際，静電近似の下では，マクスウェル方程式は，

$$\nabla \times \boldsymbol{E} = 0 \tag{3.47}$$

$$\nabla \cdot \boldsymbol{D} = 0 \tag{3.48}$$

となり，これらと物質内で成立する，

$$\boldsymbol{D} = \varepsilon \boldsymbol{E} = \boldsymbol{E} + 4\pi \boldsymbol{P} \tag{3.49}$$

を組み合わせて解くことになる．球内部では $\varepsilon = \varepsilon(\omega)$ であり，(3.49) 式から，

$$\boldsymbol{E} = \frac{4\pi}{\varepsilon(\omega) - 1} \boldsymbol{P} \tag{3.50}$$

となるので，(3.47) および (3.48) 式は，

$$\frac{1}{\varepsilon(\omega) - 1} \nabla \times \boldsymbol{P} = 0 \tag{3.51}$$

$$\frac{\varepsilon(\omega)}{\varepsilon(\omega) - 1} \nabla \cdot \boldsymbol{P} = 0 \tag{3.52}$$

のように変形される．(3.51) 式と (3.52) 式を同時に満たす解としては，

(i) $\nabla \cdot \boldsymbol{P} = 0, \quad \varepsilon(\omega) = \infty$ (3.53)

(ii) $\nabla \times \boldsymbol{P} = 0, \quad \varepsilon(\omega) = 0$ (3.54)

(iii) $\nabla \cdot \boldsymbol{P} = 0, \quad \nabla \times \boldsymbol{P} = 0$ (3.55)

の 3 通りが考えられる．

(i) の解は，バルク横モードと呼ばれる解であり，バルク固体の横波と同じ性質を持つ．実際，イオン結晶 (ionic crystal) の誘電関数は (3.1.2 項参照) 横光学フォノンの周波数 ω_{TO} で $\varepsilon(\omega_{\mathrm{TO}}) = \infty$ となり，球粒子でもこの周波数で固有振動が存在する．また，(ii) の解は，バルク縦モードと呼ばれる解であり，バルク固体の縦波と同じ性質を持つ．実際，上述と同様にイオン結晶の誘電関数は，縦光学フォノンの周波数 ω_{LO} で $\varepsilon(\omega_{\mathrm{LO}}) = 0$ となり，球粒

3.2 球形粒子の表面ポラリトン

子でも同じ周波数の固有振動が存在する．(iii) の解が，粒子に存在する特徴的な解であり，**表面モード (surface mode)** を与える．表面モードの詳細は，以下に述べるようにラプラス方程式 (Laplace equation) の解を考察することにより明らかになる．

上述の (iii) を満たす表面モードの周波数や電場分布を求める問題は，通常，電磁気学で静電場を求めるときと同じように，スカラーポテンシャル ψ に対するラプラス方程式，

$$\nabla^2 \psi = 0 \tag{3.56}$$

の解を求める問題に帰着する．このとき電場は，$E = -\nabla\psi$ で与えられる．半径 R の球内外でのポテンシャルを ψ^i, ψ^o と書くと，それぞれ極座標系で，

$$\psi^i_{lm} = A_{lm} r^l Y_{lm}(\theta, \phi) \quad l = 1, 2, \cdots, \quad m = 0, \pm 1, \cdots \pm l \tag{3.57}$$

$$\psi^o_{lm} = B_{lm} r^{-(l+1)} Y_{lm}(\theta, \phi) \quad l = 1, 2, \cdots, \quad m = 0, \pm 1, \cdots \pm l \tag{3.58}$$

のように与えられる．ここで，A_{lm} と B_{lm} は，未定係数であり，$Y_{lm}(\theta,\phi)$ は以前と同じ**球面調和関数 (spherical harmonics)** である．

小さい球粒子の電磁気的な固有モードは，既に述べた任意の半径を持つ球粒子のときと同様に表面での境界条件を満たす必要がある．実際に，$E = -\nabla\psi$ から電場を計算し，$r = R$ で電場の接線成分が連続，電束密度の法線成分が連続であるという条件を書くと，

$$R^{l-1} A_{lm} - R^{-(l+2)} B_{lm} = 0 \tag{3.59}$$

$$l\varepsilon(\omega) R^{l-1} A_{lm} + (l+1)\varepsilon_m R^{-(l+2)} B_{lm} = 0 \tag{3.60}$$

を得る．この連立方程式がゼロでない A_{lm}, B_{lm} の解を持つ条件から，

$$\varepsilon(\omega) = -\frac{l+1}{l}\varepsilon_m, \quad l = 1, 2, \cdots \tag{3.61}$$

が導出される．

(3.61) 式は小さい球での表面モードの周波数を与える重要な式である．この式は，(3.40) 式から，球ハンケル関数と球ベッセル関数の $kR \to 0$ の極限

(a) $l=1$　　(b) $l=2$　　(c) 高次モード

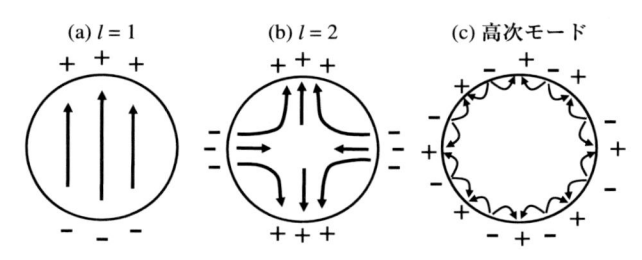

図 3.10 波長に比べて十分小さい球粒子の表面モード

をとることによって導かれることを注意しておく．このことから，大きい球の TM_l モードの極限が小さい球の表面モードに一致することが分かる．(3.61) 式の右辺は，常に負の値をとる．したがって，表面モードは $\varepsilon(\omega) < 0$ の領域にのみ，存在することになる．表面モードは，次数 l によって区別されるが，(3.58) 式のポテンシャルから $E = -\nabla\psi$ を使って電場を求めると，それぞれのモードの特徴が分かる．

まず，電場の振幅は，球の外部では $r^{-(l+2)}$ に従って球表面から遠ざかるにつれ減衰し，また球の内部では r^{l-1} に従うことが容易に分かる．特に $l = 1$ の最低次のモードについては，球の内部で電場は r に依存せず一様となり，球の外部では r^{-3} に従って減衰する．このモードは球全体が一様に分極する双極子モードであり，このようなモードの存在を最初に論じた Fröhlich の名前を取って，フレーリッヒモード (Fröhlich mode) と呼ばれる．次数 l が大きくなるとともに，四重極子を経て多重極子のモードとなり，球内外の電場は表面から遠ざかるとともに速やかに減衰し表面に局在するようになる．図 3.10 は，これらの多重極子モードを模式的に表したものである．通常，波長に比べて十分に小さい粒子の光吸収スペクトルには，フレーリッヒモードに対応する吸収ピークが現れる．

(b) フレーリッヒモードの直観的な理解

フレーリッヒモードは，球形粒子が一様に分極するモードであることを上に述べた．このモードの周波数は，(3.61) 式で $l = 1$ として，

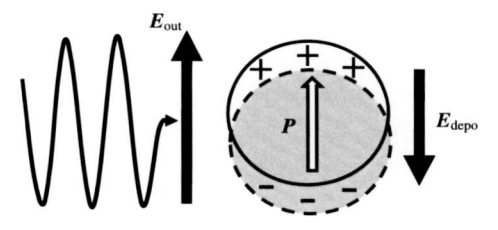

図 **3.11** フレーリッヒモードの直観的な理解

$$\varepsilon(\omega) = -2\varepsilon_{\mathrm{m}} \tag{3.62}$$

で与えられる．一様な外部電場によって分極する球粒子を考察すると，このようなフレーリッヒモードを直観的に理解することができる．図 3.11 のように，ある瞬間に外部電場 E_{out} が作用しているとすると，粒子には電気分極 P が誘起されている．電気分極が誘起されている場合には，粒子表面では図 3.11 に示したような**表面電荷 (surface charge)** が発生している．この表面電荷は，粒子内部に電気分極 P と反対方向に**反分極電場 (depolarization field)** E_{depo} を作り出す．通常，反分極電場は粒子の形状によって決定される**反分極係数 (depolarization factor)** L によって，

$$\boldsymbol{E}_{\mathrm{depo}} = -4\pi L \boldsymbol{P} \tag{3.63}$$

のように与えられる．球形粒子の反分極係数は，$L = \frac{1}{3}$ であることが知られている．粒子内部の電場は，$E_{\mathrm{out}} + E_{\mathrm{depo}}$ となることを考慮して，P と E_{out} との関係を求めると，

$$\boldsymbol{P} = \frac{3}{4\pi} \left[\frac{\varepsilon(\omega) - \varepsilon_{\mathrm{m}}}{\varepsilon(\omega) + 2\varepsilon_{\mathrm{m}}} \right] \boldsymbol{E}_{\mathrm{out}} \tag{3.64}$$

となる．

(3.64) 式では省略されているが，外部電場も電気分極も $\mathrm{e}^{-i\omega t}$ で振動していると仮定している．(3.64) 式は，外部電場に対して電気分極がどのように応答するのかを記述しており，外部電場の ω が変化するときの電気分極の振る舞いを知ることができる．式から分かるように，分母 = 0 はフレーリッヒモードの条件式 (3.62) と一致する．現実には，$\varepsilon(\omega)$ は有限の虚数部を持

つので，完全に分母 = 0 にはならないが，Re{$\varepsilon(\omega)$} = $-2\varepsilon_\mathrm{m}$ となる ω で，分母の絶対値は非常に小さい値となり，このとき電気分極 P の振幅は大きな値をとることが分かる．これは，一種の共鳴現象と見なせ，外部電場の周波数がフレーリッヒモードの周波数に共鳴した際に，粒子内に非常に大きな電気分極の振動が誘起されることになる．このとき，粒子の表面近傍にも強い電場の振動が誘起されることは，容易に想像される．このように，フレーリッヒモードは，電気双極子の振動と見なせ，外部電場と直接相互作用できるので，光吸収スペクトルにピークをもたらすことが理解できる．

一様な外部電場による球粒子の電気分極の問題を，通常，電磁気学で良く出てくるような静電場の問題として，球内外の静電ポテンシャルを求めると以下のようになる．

$$\psi^\mathrm{i}(r,\theta) = -\frac{3\varepsilon_\mathrm{m}}{\varepsilon(\omega)+2\varepsilon_\mathrm{m}}E_0 r\cos\theta \tag{3.65}$$

$$\psi^\mathrm{o}(r,\theta) = -E_0 r\cos\theta + \frac{\varepsilon(\omega)-\varepsilon_\mathrm{m}}{\varepsilon(\omega)+2\varepsilon_\mathrm{m}}\frac{R^3}{r^3}E_0 r\cos\theta \tag{3.66}$$

ここでは，外部電場の方向を z 方向にとり，振幅を E_0 としている．また，球の中心から r の位置にあり，z 軸との間の角が θ となる点の座標を (r,θ) と表している．球内外での電場分布は，$\boldsymbol{E} = -\nabla\psi$ を計算することにより，求められる．また，上述の球内の電気分極と外部電場の関係も求めることができる．問題の対称性により，静電ポテンシャルおよびそれから導かれる電場分布等は，z 軸の回りの回転に対して対称である．

3.2.4 小さい粒子の光学応答

（a）光学応答を決める種々の因子

波長に比べて十分小さい粒子の光学応答は，主としてフレーリッヒモードによって決まることを述べた．実際には光学応答は色々な因子によって変化する．まず注意を要するのは，(3.61) 式および (3.62) 式から分かるように，粒子を取り囲む媒質の誘電率によって共鳴周波数が変化することである．後に実例を示すが，一般に $\varepsilon(\omega) < 0$ となる ω の領域では，ω が大きくなるにつれ $|\varepsilon(\omega)|$ が減少する傾向となる．したがって，フレーリッヒモードの周波

数は，媒質の ε_m が大きいほど低い周波数，波長で言えばより長波長に位置する．

今までは，粒子の形状として球を考えてきたが，フレーリッヒモードの周波数は，粒子の形状にも大きく依存する．このことは，既に述べたようにフレーリッヒモードは表面電荷が作る反電場の作用を受けて決定され，反電場のでき方は粒子形状に強く依存することを考慮に入れると理解される．たとえば，楕円体の形状の粒子を考えると，楕円体の3軸の方向それぞれに沿った反分極係数 $L_j (j = 1, 2, 3)$ が定義される．フレーリッヒモードも3軸それぞれの方向に分極するモードが存在し，j 番目の軸に沿ったモードの周波数は，

$$\varepsilon(\omega) = -\varepsilon_\mathrm{m}\left(\frac{1}{L_j} - 1\right) \tag{3.67}$$

で与えられる．この式で $L_j = \frac{1}{3}$ とすると，球形の場合の (3.62) 式に戻る．一般に，軸の長さが長い程，反分極係数 L_j は小さい値をとるので，対応するフレーリッヒモードの周波数はより小さい周波数，つまりより長波長側に存在することが上の式から予想される．

(b) 有効媒質の考え方

ナノ粒子の光学応答 (簡単には吸収スペクトル) を測定する際に，粒子1個について測定するのは，不可能ではないにしろ困難である．通常は，ナノ粒子の集団について測定するのが一般的である．このとき，問題となるのは，粒子間の相互作用である．フレーリッヒモードは双極子の振動と見なせるので，粒子と粒子の間の距離が小さくなるにつれ，光学的応答に対する**双極子–双極子相互作用 (dipole-dipole interaction)** の影響が強く現れるようになる．

図 3.12 のように，誘電率 ε_m の媒質中に誘電関数 $\varepsilon(\omega)$ を持つ波長に比べて十分小さい球粒子が分散した系を考える．このような系での粒子間相互作用を近似的に取り入れ，系全体を1つの有効な誘電関数に置き換えて考えるのが**有効媒質 (effective medium)** の考え方である（**有効媒質理論 (effective medium theory)**）．このような考え方は，既に 1904 年に J. C.

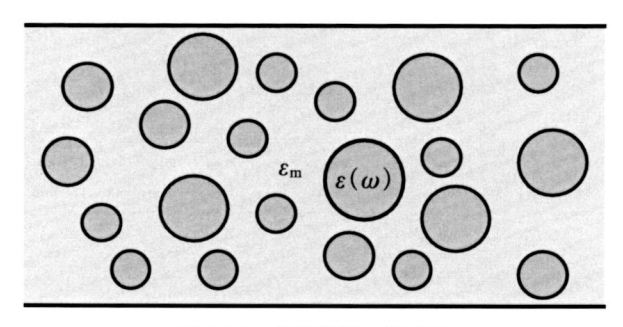

図 **3.12** 有効媒質の模式図

Maxwell-Garnett により導入された [10].

近似のとり方によって種々の形が存在するが，**マクスウェル-ガーネット理論** (Maxwell-Garnett theory) からは，系全体を記述する平均誘電関数として，次の形の式が導かれる．

$$\varepsilon_{\text{ave}}(\omega) = \varepsilon_{\text{m}} \left[1 + 3f \frac{\varepsilon(\omega) - \varepsilon_{\text{m}}}{\varepsilon(\omega)(f-1) + \varepsilon_{\text{m}}(2+f)} \right] \quad (3.68)$$

ここで，f は**充填率** (filling factor) と呼ばれる量であり，全体積に占める粒子の体積の割合である．上のように平均誘電関数が求まれば，それから種々の光学的性質が議論できる．たとえば，有効媒質の光の**吸収係数** (absorption coefficient) は，

$$\alpha_{\text{ave}} = \frac{2\omega}{c} \text{Im} \sqrt{\varepsilon_{\text{ave}}(\omega)} \quad (3.69)$$

となる．

(3.68) 式と (3.69) 式を組み合わせて考えると，(3.69) 式右辺の分母 = 0 のとき，吸収係数が大きくなり吸収ピークを与えると予想される．実際に分母 = 0 の条件は，

$$\varepsilon(\omega) = -\varepsilon_{\text{m}} \frac{2+f}{1-f} \quad (3.70)$$

と書ける．この式で，$f = 0$ と置くと，フレーリッヒモードの式 (3.62) に一致することは注目に値する．$f = 0$ の極限は，媒質内で粒子の占める体積の割合が非常に小さい，つまり粒子の濃度が非常に薄く，粒子が互いに遠く離

れていることを意味している．この極限では，双極子‐双極子相互作用は無視できる．したがって，粒子1個だけを考えた場合のフレーリッヒモードの式に一致することになる．充填率 f が有限の値をとる場合には，f の増加とともに粒子間相互作用の影響が大きくなり，吸収ピークの位置もシフトすることになる．(3.70) 式からは，f の増加とともに吸収ピークが低周波数側，すなわち長波長側にシフトすることが分かる．

上述のように，小さい粒子の光学応答は，周りの媒質の誘電率や粒子の形状によって左右されるが，粒子の集合体の場合には，充填率にも依存することに注意を要する．ただ，(3.68) 式の平均誘電関数が適用できるのは，f の値が比較的小さい場合であり，適用限界はあまり明確ではないが，通常 $f < 0.3$ の範囲内で使用されている．

3.2.5 表面モードの観測例

前項までに，粒子にはバルク結晶のポラリトンモードに対応する表面ポラリトンモード（簡単に，表面モードと略す）が存在しており，それらがナノ粒子の光学的性質を決定していることを学んだ．ここでは，具体的にイオン結晶と金属のナノ粒子を取り上げ，それらの**表面フォノン** (surface phonon) や**表面プラズモン** (surface plasmon) の観測例を紹介する．

(a) イオン結晶ナノ粒子の表面フォノンの観測

バルクの**イオン結晶** (ionic crystal) の赤外線領域での光学応答は，**光学フォノン** (optical phonon) によって決められ，誘電関数は (3.16) 式で与えられることを，3.1.2 項で述べた．表 3.1 は，いくつかのバルク結晶について (3.16) 式に現れるパラメーターの値をまとめたものである [11]．通常，横光学フォノン周波数 ω_{TO} や縦光学フォノン周波数 ω_{LO} は，cm^{-1} の単位で表される．表にあるようにこれらは数百 cm^{-1} の値を持ち，対応する光の波長は逆数をとると得られる．表中の結晶では，10~100 μm の間に存在する．簡単のために，(3.16) 式のダンピング定数 γ を無視して模式的に $\varepsilon(\omega)$ を図示したものが，図 3.13 である．図から分かるように，$\omega_{\text{TO}} < \omega < \omega_{\text{LO}}$ の区間で，$\varepsilon(\omega) < 0$ となっている．

表3.1 代表的なイオン性結晶の光学フォノンに関するパラメーター [11]

結晶	ω_{TO} (cm^{-1})	ω_{LO} (cm^{-1})	ε_0	ε_∞
NaCl	164	264	5.9	2.25
LiF	306	659	8.81	1.9
MgO	401	718	9.64	3.01
GaP	367	403	10.18	8.46
SiC	793	970	10.0	6.7

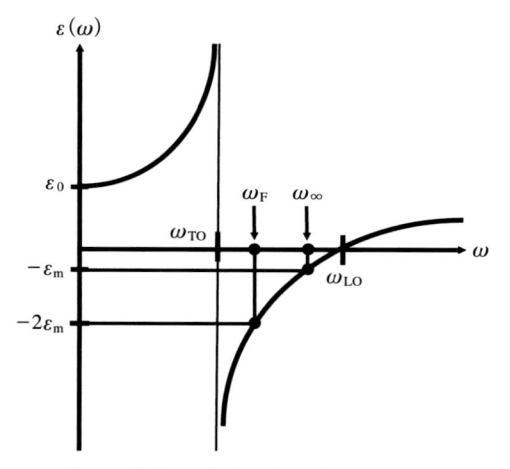

図 3.13 イオン結晶の誘電関数と表面フォノンの周波数

　イオン結晶のサイズが小さくなり，赤外線の波長よりも小さい粒子に対しては，(3.61) 式を満たすような周波数を持つ表面フォノンモードが存在し，観測にかかるはずである．(3.61) 式を満たすためには，$\varepsilon(\omega) < 0$ でなくてはならず，図 3.13 にあるように，$\omega_{TO} < \omega < \omega_{LO}$ の区間で，そのようになる．最低次の $l=1$ に対応するフレーリッヒモードの周波数は，$\varepsilon(\omega) = -2\varepsilon_m$ を満たすような周波数であり，図中の ω_F である．l の値が 2 以上の高次のモードは，ω_F の高周波数側に現れ，$l=\infty$ に対しては，$\varepsilon(\omega) = -\varepsilon_m$ を満たす ω_∞ となる．ただ，観測上は高次のモードになればなるほど強度が下が

図 3.14 赤外吸収測定に用いられた MgO ナノ粒子

り，主としてフレーリッヒモードのみが観測されることが期待される．

　ここで，イオン結晶ナノ粒子の具体例として MgO ナノ粒子を取り上げる．MgO ナノ粒子は第 1 章で述べたガス中蒸発法 (gas-evaporation method) に類似の方法で作製できる．酸素を含む雰囲気中で Mg リボンを加熱すると，Mg リボンは燃え（酸化され）白い煙が立ち昇る．その煙に適当な基板（たとえばガラス板）をかざすと，ナノ粒子の層が堆積する．図 3.14 は，そのようにして捕集した MgO ナノ粒子の電子顕微鏡写真である．この写真に見られるように，MgO ナノ粒子はきれいな立方体の形状をしている．この試料では，種々のサイズの粒子が混じっているが，赤外線の波長 ($\sim 10\,\mu$m) に比べればどの粒子も十分に小さいと言える．

　図 3.15 は，上述の MgO ナノ粒子について著者らが測定した赤外吸収 (infrared absorption) のスペクトルを示している [12]．MgO-Air と記されているスペクトルは，KBr 基板上に捕集した MgO ナノ粒子層をそのまま試料として測定したもので，粒子を取り囲む媒質は空気と考えて良い．一方，MgO-CsCl, MgO-TlCl と記されているスペクトルは，錠剤法を用いて作製された試料で，媒質はそれぞれ CsCl および TlCl である．錠剤法は粉末試料の赤外測定によく使われる方法であり，通常は KBr 粉末と粉末試料を適当な割合で混合したのち，錠剤成形器でプレスし，薄い板状の試料（ペレット）

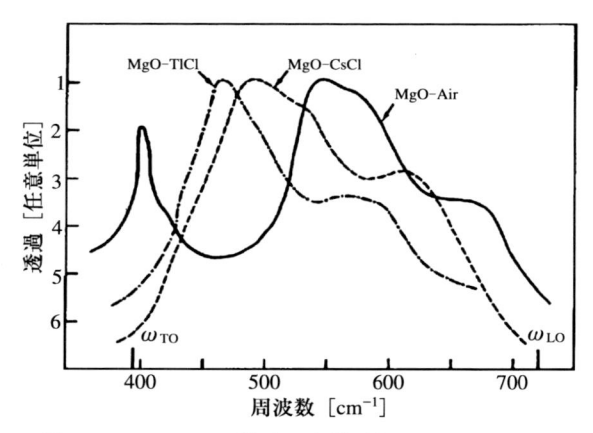

図 3.15　MgO ナノ粒子の赤外吸収スペクトル [12]

を得るものである．著者らは，基板上に捕集した MgO ナノ粒子を掻き落とし，KBr 以外にも種々のアルカリハライド粉末と混合した後ペレットを作製し，赤外吸収スペクトルを測定した．種々のアルカリハライド粉末を用いるのは，MgO ナノ粒子の周りの媒質の誘電率 ε_m を種々変化させるためである．

図 3.15 の MgO-Air のスペクトルは，400 cm^{-1} 付近にシャープなピークと，520~700 cm^{-1} にかけて高波数側に肩を持つブロードなピークを示している．また，MgO-CsCl と MgO-TlCl のスペクトルは，MgO-Air のものとほぼ同じ形のブロードなピークのみを示すが，ピーク位置が低波数側にシフトしている．後述のように，このシフトは媒質の誘電率 ε_m が増加すると大きくなっている．図 3.15 に現れているブロードな吸収ピークは，バルク MgO 結晶の ω_{TO} と ω_{LO} の間に存在すること，ε_m の増加とともに低波数側にシフトするという，**表面フォノン (surface phonon)** の特徴を示している．

3.2.4 項にも述べたように，表面フォノンの周波数はナノ粒子の形状に大きく依存する．ここでの MgO ナノ粒子は，図 3.14 に見られるような，立方体の形状をしている．したがって，赤外吸収スペクトルの定量的な解析には，立方体形状を考慮する必要がある．幸い，光の波長に比べて十分に小さい立方体粒子の表面モードの理論は，R. Fuchs [13] により発表されてお

3.2 球形粒子の表面ポラリトン

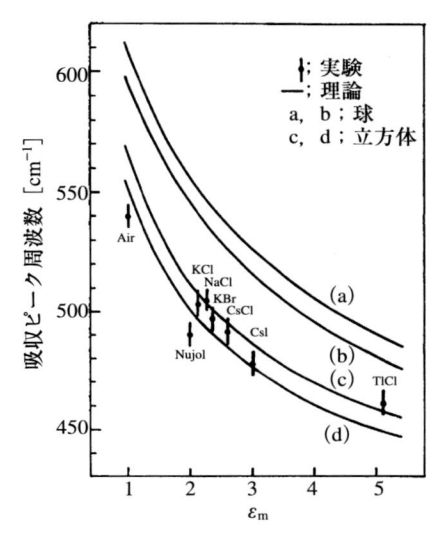

図 3.16 MgO ナノ粒子の赤外吸収ピーク周波数の ε_m 依存性 [12]

り，彼の理論に基づいたスペクトルの解析が可能である．図 3.16 は，最も強い赤外吸収ピークの周波数を媒質の誘電率の関数としてプロットしたもので，実験結果と計算の結果を比較している．図中の曲線 (a),(b) は，粒子を球形と仮定して計算したフレーリッヒモード周波数の ε_m 依存性である．曲線が 2 つあるのは，過去の論文に報告されている 2 つの異なった光学フォノンに関するパラメーターを使って計算したからである．曲線 (c),(d) は，同じく 2 つの異なるパラメーターを用いて，立方体の最低次のモードについて計算したものである．Air および Nujol と記された実験点以外は，立方体の計算結果とよく一致しているのが分かる．Air および Nujol と記された実験点は，KBr 基板上に MgO ナノ粒子を捕集したままの状態およびその上に Nujol（流動パラフィン）を滴下した状態で，吸収スペクトルを測定した結果である．これらは，立方体の理論曲線よりも少し低い周波数に位置している．この原因は，ナノ粒子の**凝集 (aggregation)** にあると考えられる．実際，これらの試料では，表面フォノンモード以外に，ω_TO の位置にも吸収ピークが見られ，これは鎖状にナノ粒子がつながった結果現れたものと考えられる．一般に，ナノ粒子の凝集が生じると表面モードの周波数も粒子間の

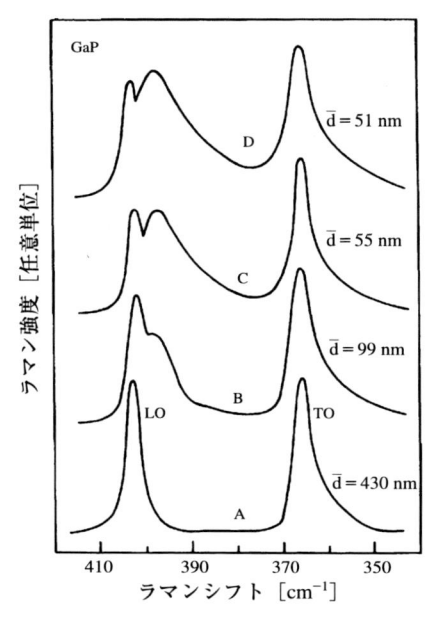

図 **3.17** GaP ナノ粒子のラマン散乱スペクトル（サイズ依存性）[15]

相互作用により，低周波数側にズレることが理論的にも導かれている [14]．以上のことを総合すると，上に示した実験および理論解析の結果は，表面フォノンモードが赤外吸収スペクトルの測定により，明確に観測されることを物語っている．

　表面フォノンモードは，ラマン散乱 (Raman scattering) の測定によっても観測可能である．もともと赤外吸収およびラマン散乱は異なった選択則を持っているので，固体や分子の解析に相補的に用いられてきている．図 3.17 は，やはりガス中蒸発法 (gas-evaporation method) で作製し基板上に捕集した GaP ナノ粒子のラマン散乱スペクトルで，粒子サイズ依存性を示している [15]．粒子サイズが 430 nm と大きい場合のスペクトルはバルク結晶のスペクトルと類似しており，ω_{TO} (~367 cm^{-1}) および ω_{LO} (~403 cm^{-1}) の位置にピークを示す．粒子サイズが小さくなると，ω_{LO} の低波数側に肩が現れ，50 nm 程度のナノ粒子では，明確なピークになっている．このピークは，やはり ω_{TO} と ω_{LO} の間に現れ，表面フォノンのピークと考えられる．

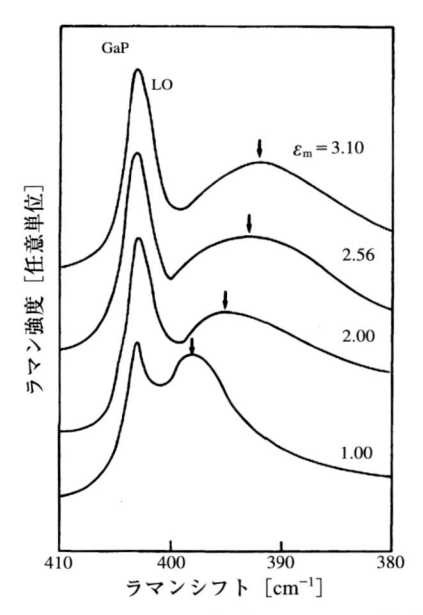

図 **3.18** GaP ナノ粒子のラマン散乱スペクトル（媒質の誘電率 ε_m 依存性）[15]

このピークが表面フォノンピークであることを明確に結論づけるために，種々の液体を試料層に滴下し，ナノ粒子の周りの媒質の誘電率 ε_m を変化させて測定した結果が，図 3.18 である．この図から分かるように，ε_m の増加とともに新しいラマンピークは低波数側にシフトしている．ガス中蒸発法で作製した GaP ナノ粒子は，球形ではなく楕円体に近い形をしている．観測されたラマンピークの周波数は，このような粒子の形状の効果を考慮すると，表面フォノンモードの理論値とよく一致することが示されている [15]．

(b) 金属ナノ粒子の表面プラズモンの観測

金属ナノ粒子の表面プラズモンについて考察する前に，ここではまずバルク金属の光学的性質について触れておく．金属中には多くの自由電子が存在し，誘電関数は (3.15) 式のようなドルーデ型誘電関数 (Drude type dielectric function) で与えられるものと仮定する．図 3.19(a) は，$\varepsilon(\omega)$ を模式的に示し

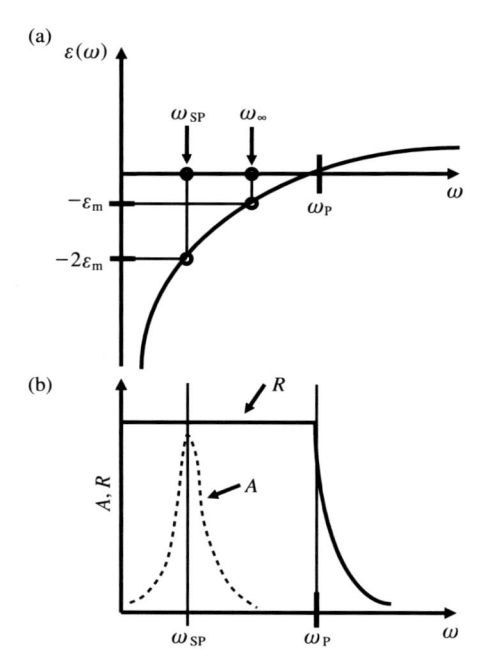

図 3.19 (a) ドルーデ型誘電関数，(b) 金属表面に垂直入射した光の反射率 R および金属ナノ粒子の表面プラズモンによる光吸収 A

たものである．ただし，簡単のために (3.15) 式中のダンピング定数 γ を無視している．通常，ダンピング定数が大きくなると，スペクトル線の幅が広がるが，現象の本質だけを議論する際には，ダンピング定数を無視しても，差しつかえない．ω_p の値は金属によって異なるが，光の波長で表せば，通常は紫外線領域にある．$\varepsilon(\omega)$ は，$\omega < \omega_p$ のとき，負の値をとることに注意する必要がある．

一般に，空気から誘電関数が $\varepsilon(\omega)$ の固体表面に光が入射したときの反射率は，

$$R = \left| \frac{1 - \sqrt{\varepsilon(\omega)}}{1 + \sqrt{\varepsilon(\omega)}} \right|^2 \tag{3.71}$$

で与えられる．$\varepsilon(\omega)$ が負の値のとき，κ を正の実数として，$\sqrt{\varepsilon(\omega)} = i\kappa$ と置

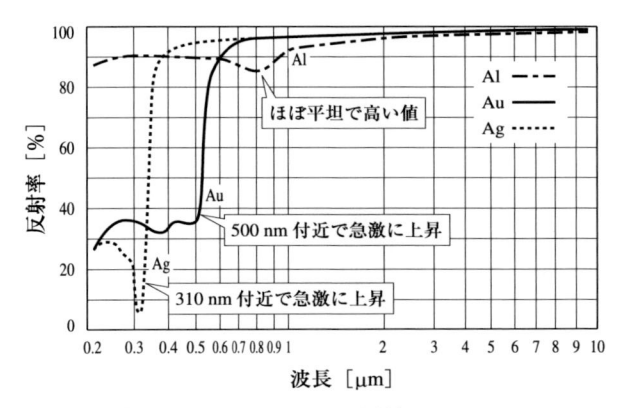

図 3.20 Au, Ag, Al の反射スペクトル

けるので,

$$R = \left|\frac{1-i\kappa}{1+i\kappa}\right|^2 = \frac{|1-i\kappa|^2}{|1+i\kappa|^2} = 1 \tag{3.72}$$

となる．したがって，図 3.19(b) のように，$\omega < \omega_p$ の領域で $R = 1$ となり光は全反射される．ω_p が紫外線領域に存在するとすると，可視光領域全体で光は全反射されることになる．

図 3.20 は，Au, Ag, Al の反射スペクトルの測定例である．Au の場合は波長約 500 nm で，Ag の場合には約 310 nm で反射率が立ち上がり，長波長側で高い反射率を示している．これらは，図 3.19(b) の反射率の振る舞いと定性的には一致している．Al の場合には，図 3.20 に示されている波長域の全域で，反射率は高い値をとっている．これは，Al の ω_p に対応する波長が，図 3.20 の表示範囲よりも短波長側にあると考えると Au, Ag と同じように定性的には理解できる．図 3.20 から，Au は金色，Ag は銀色といったように金属の色が異なって見えるのは，反射スペクトルが異なるせいであることが分かる．

実際の金属の誘電関数は，自由電子の応答のみで決定される訳ではない．詳しい解析によれば [1, 14, 16]，金属のバンド構造 (band structure) を反映して，電子のバンド間遷移 (interband transition)（通常は d バンドから伝導帯への遷移）による寄与を取り入れる必要がある．自由電子の寄与を

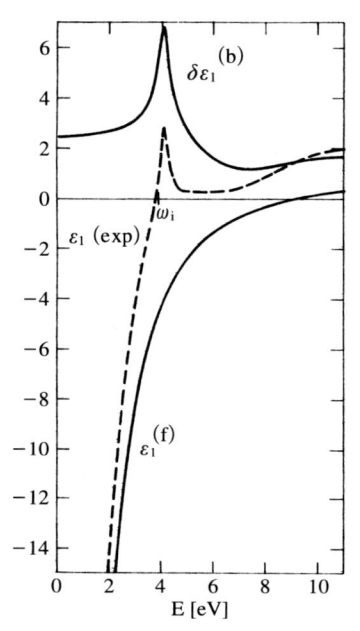

図 3.21 Ag の誘電関数（実験値）の自由電子およびバンド間遷移の寄与への分解 [16]

$\varepsilon^{\mathrm{f}}(\omega)$ とし，バンド間遷移の寄与を $\varepsilon^{\mathrm{ib}}(\omega)$ と書くと，一般に金属の誘電関数は $\varepsilon(\omega) = \varepsilon^{\mathrm{f}}(\omega) + \varepsilon^{\mathrm{ib}}(\omega)$ のように書ける．ここで，$\varepsilon^{\mathrm{f}}(\omega)$ はドルーデ型として良い．図 3.21 は，Ag の誘電関数の実験値を $\varepsilon^{\mathrm{f}}(\omega)$ と $\varepsilon^{\mathrm{ib}}(\omega)$ の寄与に分解した結果を示している [16]．このような分解の後，Ag の ω_{p} に対応するエネルギーは，$\hbar\omega_{\mathrm{p}} = 9.2$ ev と求まる．実測された Ag の反射率の立ち上がりは，310 nm(4.0 eV) 付近であり，それより長波長側（低エネルギー側）で反射率は高い値を持つ．これは $\varepsilon^{\mathrm{ib}}(\omega)$ の寄与も含めると，$\varepsilon(\omega)$ が 4.0 eV(310 nm) 付近でゼロを通過し，それより低エネルギー側（長波長側）で負の値を持つことによく対応している．

　バルク金属では，$\varepsilon(\omega)$ によって反射スペクトルが決まり，反射スペクトルの違いが，Au は金色，Ag は銀色といった色の違いをもたらすことを上に述べた．それでは，金属のサイズが小さくなりナノ粒子になったときに

は，光学的性質はどのようになるのだろうか？ 実は，金属のナノ粒子が鮮やかな色を示すことは，かなり昔から知られていた．北イタリアで出土した青銅時代 (1000-1200BC) のガラスは，ガラス中に含まれた Cu ナノ粒子によって色が付いている．紀元4世紀，ローマ時代に作製されたカップの Lycurgus Cup（大英博物館所蔵）は，光に透かすと赤く見え，外側から光を当ててみると緑がかって見える．このカップのガラスの中には，Au と Ag の混晶のナノ粒子が含まれている．ヨーロッパ中世のキリスト教会で使われたステンドグラスの鮮やかな色も，ガラス中の金属ナノ粒子の成せる技である．日本でも，「金赤」という印刷用語が存在するが，これはもともと七宝焼きや江戸切子等のガラス工芸品で赤を発色させるために Au ナノ粒子を用いたことに由来している．

　金属ナノ粒子による着色現象を最初に科学的に解明しようとしたのは，既に 3.2.2 項と 3.2.3 項で述べた G. Mie [6] と J. C. Maxwell-Garnett [10] であり，20 世紀初頭のことである．当時は，**表面プラズモン (surface plasmon)** という言葉は存在しなかったが，今では着色現象やその他の現象が金属ナノ粒子に局在する表面プラズモンの励起に起因することが広く認識され，コラム「プラズモニクス (plasmonics) とは」の中でも述べているように，現在も世界中で広範な研究が繰り広げられている．

　3.2.2 項で述べたように，任意の半径 R を持つ球形粒子の光学的性質は，**ミー理論 (Mie theory)** によって記述できる．既に，図 3.8 に Ag ナノ粒子について減光効率 Q_{ext}，散乱効率 Q_{scat}，吸収効率 Q_{abs} の計算結果を 3 つの異なる R について示した．一般に，粒子サイズが大きいときには，高次のモードが表れてスペクトルは複雑で散乱効率 Q_{scat} が支配的になるが，粒子サイズが光の波長に比べて十分に小さい場合には，最低次のフレーリッヒモードに対応する単一のピークのみが現れ，しかも吸収効率が支配的になる．$R = 20$ nm の Ag 粒子では（周りの媒質が空気のとき）約 350 nm の波長に吸収ピークが現れる．これが，通常，Ag ナノ粒子の表面プラズモン共鳴と称されるピークにほかならない．3.2.3 項で述べた，波長に比べて十分小さい粒子に対する静電近似では，共鳴ピーク周波数は $\varepsilon(\omega) = -2\varepsilon_m$ により与えられる．バルクのときと同じように，$\varepsilon(\omega)$ が簡単にドルーデ型であったと

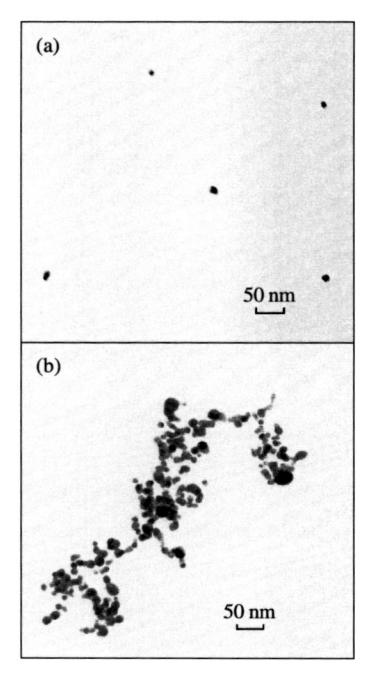

図 3.22 液相中レーザーアブレーションで作製した Ag コロイド粒子の電子顕微鏡写真．(a) ポリイン溶液添加前，(b) ポリイン溶液添加後 [17]

すると，共鳴ピーク周波数は，図 3.19(b) の ω_{SP} で与えられる．この周波数は，ω_p より低周波数側（長波長側）に位置し，バルク金属の反射率が高い領域に存在する．つまり，金属が十分小さな粒子になると，可視光領域で高い反射を示す代わりに，光吸収のピークを示すようになる．結局，このような表面プラズモン励起による光吸収のピークの出現が，金属ナノ粒子を含む試料の着色の原因となる．

図 3.22 は，著者らが液相中のレーザーアブレーションによって作製した，Ag コロイド粒子の電子顕微鏡写真である [17]．この Ag コロイド粒子は，純水の中に沈めた Ag の板に，Nd:YAG レーザーで発生させた波長 532 nm のパルス光（基本波の 2 倍波）を照射することにより生成したものである．

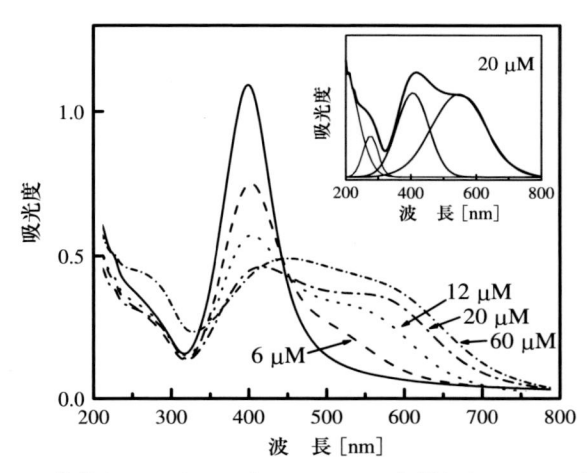

図 3.23 液相中レーザーアブレーションで作製した Ag コロイド粒子の光吸収スペクトル（ポリイン溶液添加前およびポリイン溶液添加後）[17]

(a) は生成したままの状態で，個々の粒子が孤立しており，粒子の平均直径は約 18 nm である．(b) は，Ag コロイドにポリイン溶液を添加して，Ag 粒子を凝集させた後の電子顕微鏡写真である．ここでポリインとは，1 重結合と 3 重結合を繰り返しながら炭素原子が鎖状につながった一次元鎖状分子であり，炭素物質を液体中でレーザー照射することによってポリイン溶液が生成される．Ag コロイドにポリイン溶液を添加すると，ポリインが Ag 粒子間をつなぐバインダーとして働き，Ag コロイド粒子が凝集体を形成することが知られている [17]．

図 3.23 は，凝集前と凝集後の Ag コロイド粒子の吸収スペクトルである．凝集前のスペクトル（実線）は，波長 400 nm に明確に表面プラズモン共鳴のピークを示している．このピーク位置は，粒子の周りの媒質を空気として計算した場合のピーク位置より，約 50 nm 長波長側にシフトしているが，これは媒質が水になったことが原因である．図 3.23 の吸収ピークの位置と形は，媒質を水と仮定したミー計算の結果とかなり良く一致する．ポリイン溶液を添加後のスペクトル（破線等）では，400 nm 付近のピークに加えて，長波長側に新しいピークが出現している．この新しいピークは，ポリイン溶

液の濃度の上昇とともに，大きく成長する．このことから，長波長側の新しいピークは，粒子の凝集に由来するのは明確であり，粒子間の双極子相互作用の結果生じるものと解釈される．

ここでは，著者らが液相中レーザーアブレーションで作製したAgコロイド粒子の表面プラズモン共鳴の観測例[17]を紹介したが，金属ナノ粒子の作製法，光学的性質，各種応用に関する近年の研究の進展には目を見張るものがある．それらについては，各種の参考書[7, 14, 18, 19, 20]を参考にされたい．

コラム

プラズモニクス (plasmonics) とは

　本書では，金属ナノ粒子の光学的性質を決定付けるものとして，表面プラズモンを取り上げた．通常，金属ナノ粒子での表面プラズモンは，局在型の表面プラズモンと言われる．しかし，表面プラズモンには局在型のみならず，金属と誘電体の 2 次元界面を伝搬する伝搬型の表面プラズモン（正確にはポラリトン）も存在する．局在型にせよ伝搬型にせよ表面プラズモンが光で励起されると，金属表面の近傍に局在し，しかも励起光の電場に比べて大きく増強された電場（近接場と呼ばれる）が発生することが分かっている．このような現象は，様々なデバイスに応用できる可能性を含んでおり，表面プラズモン励起をデバイスに応用することを目指した研究が 1990 年頃から，世界中で急激に進展している．このような分野は，エレクトロニクス，オプティックス等と同じような命名法で，「プラズモニクス (plasmonics)」と呼ばれている．

　実際に，データベース上で調べてみると，2011 年に「表面プラズモン」をキーワードとして発表された論文は，3,800 件にものぼり，この数は 1990 年に同じキーワードで発表された論文の約 60 倍にも達している．プラズモニクスの研究対象は多岐にわたるが，代表的な例は，表面増強電場を利用しラマン散乱や蛍光の強度を増強させる増強分光である．また，表面プラズモン共鳴の特性は媒質の誘電率に敏感に反応することから，共鳴特性の変化をモニターすることによって，各種のセンサー（特にバイオセンサー）を作製したり，イメージングに応用したりできる．表面プラズモンの励起は，太陽電池，LED 等の受光素子，発光素子，光電エネルギー変換素子の効率向上にも応用できる．しかも，ナノメートルサイズの素子への応用が可能となる．表面プラズモン，プラズモニクスに関しては，基礎から応用に至るまでを解説した総説 [21, 22, 23] や教科書 [24, 25, 26, 27] が近年多く出版されている．興味のある読者は，ぜひそれらを参考にされたい．

3.3 量子サイズ効果

3.3.1 バルク結晶のエネルギーバンド構造と有効質量近似

力を全く受けずに自由空間を運動する電子，つまり**自由電子** (free electron) の波動関数は，平面波 (plane wave) の形で与えられ，$\varphi_k(r) = e^{ik \cdot r}$ のように書ける．k は，波動ベクトル (wave vector) である．また，自由電子のエネルギーは，$|k|=k$ の関数として，

$$E(k) = \frac{\hbar^2 k^2}{2m}, \tag{3.73}$$

で与えられる．m は電子の質量である．k を横軸にとり，$E(k)$ をプロットすると，下に凸の放物線になる．$E(k)$ の k に対する 2 階微分をとると，

$$\frac{1}{m} = \frac{1}{\hbar^2} \frac{d^2 E(k)}{dk^2}, \tag{3.74}$$

が得られることを指摘しておく．

電子が結晶内を運動するときには，**結晶格子** (crystal lattice) の周期的ポテンシャル (periodic potential) の影響を受ける．この場合，電子の波動関数は，固体物理学の教科書 [2, 28] に書かれているように，次のようなブロッホの波動関数 (Bloch wave function) で与えられる．

$$\varphi_k(r) = e^{ik \cdot r} u_k(r) \tag{3.75}$$

ここで，$u_k(r)$ は，結晶格子の周期を持つ周期関数である．上のように，結晶中の電子も波動ベクトル k で区別され，エネルギーの固有値も k の関数として，$E(k)$ と書ける．通常，$E(k)$ は k の方向と大きさによって様々に変化し，**逆格子** (reciprocal lattice) の第 1 ブリルアン領域 (first Brillouin zone) 内の曲線群として描かれる．このような曲線群が，結晶中の電子に対する**エネルギーバンド** (energy band) を与える．

図 3.24 は，**半導体結晶** (semiconductor crystal) のエネルギーバンドを模式的に示したもので，下側のバンドが**価電子帯** (valence band) で，上側のバンドが**伝導帯** (conduction band) である．価電子帯と伝導帯の間にはバン

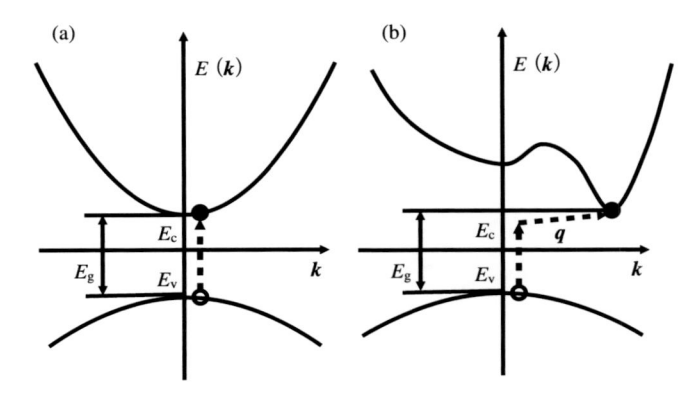

図 3.24 (a) 直接遷移型半導体のエネルギーバンド構造，(b) 間接遷移型半導体のエネルギーバンド構造

ドギャップ (band gap) が存在し，ギャップエネルギー (gap energy) E_g の値は，伝導帯の下端と価電子帯の上端のエネルギー差で与えられる ($E_g = E_c - E_v$)．絶対零度下の不純物を含まない半導体では，電子は価電子帯の上端まで占有し，伝導帯は空の状態になっている．有限の温度下や，何らかのエネルギーをもらうと，電子は価電子帯から伝導帯に遷移すること（バンド間遷移 interband transition）が可能で，そのような遷移が半導体結晶の種々の物性をもたらすことになる．特に，光学的性質を考察する際には，図 3.24 に描かれているようなエネルギーバンド構造 (energy band structure) の違いが大きな意味を持ち，図 3.24(a) のような構造を持つ半導体は**直接遷移型半導体** (direct transition semiconductor)，図 3.24(b) のような構造の場合には**間接遷移型半導体** (indirect transition semiconductor) と呼ばれる．

一般に光（フォトン）と結晶が相互作用し，結晶により光が吸収されたり，結晶から光が放射されたりするような過程では，エネルギーおよび運動量の保存則を満たすような過程のみが許される．波動関数 $\varphi_k(r)$ の電子に対する運動量は，$\hbar k$ である．また，フォトンの運動量は第1ブリルアン領域 (first Brillouin zone) 内で考察する際にはほとんどゼロと見なせる．したがって，価電子帯の電子がフォトンのエネルギーをもらって直接伝導帯に遷移する際には，始状態と終状態の k はほとんど同じとなり，電子は図 3.24(a)

のように垂直に遷移すると考えてよい．実際に，図 3.24(a) のような直接遷移型半導体では，このようなバンド間遷移が生じ，フォトンのエネルギーがバンドギャップエネルギー E_g 以上になると光吸収が急激に立ち上がる．一方，図 3.24(b) のような間接遷移型の半導体では，価電子帯上端と伝導帯下端が同じ k のところにはなく，光吸収の過程では始状態と終状態の運動量の差，つまり k の差を補う何らかの過程が必要となる．通常は，図 3.24(b) のようにフォノン (phonon) の生成あるいは消滅の過程を組み込む形で，バンド間遷移が達成される．このような間接遷移型の半導体の光吸収は，やはり E_g 付近で立ち上がるが，直接遷移型半導体に比べると緩やかに立ち上がり，フォノンの生成や消滅に伴う構造がスペクトル上に現れる [28, 29]．

図 3.24 にもみられるように，エネルギーバンド構造では $E(k)$ の傾き（k に対する一次微分）がゼロとなる特異点が存在する．$E(k)$ をそのような特異点の近傍でテーラー展開 (Tayler expansion) する．簡単のため，一次元で表記し，特異点が $k = k_0$ に存在するとすると，

$$E(k) = E(k_0) + (k - k_0) \frac{dE(k)}{dk}\bigg|_{k=k_0} + \frac{1}{2}(k - k_0)^2 \frac{d^2 E(k)}{dk^2}\bigg|_{k=k_0} + \cdots \quad (3.76)$$

のようになる．上式で一次微分はゼロであり，また 3 次以上の高次の項は小さいとして無視すると，$E(k)$ は放物線になる．そうすると，前述の自由電子の場合との類推から，結晶中の電子についても以下のように**有効質量** (effective mass) m^* を定義することができる．

$$\frac{1}{m^*} = \frac{1}{\hbar^2} \frac{d^2 E(k)}{dk^2} \quad (3.77)$$

図 3.24 のようなエネルギーバンド上で，1 個の電子が価電子帯から伝導帯に遷移したとすると，結晶内を動き回れる**電子** (electron) と，電子の抜け殻ではあるが正の電荷を持って結晶内を動き回れる**正孔** (hole) が生成される．それらの電子および正孔は，伝導帯および価電子帯の $\frac{d^2 E(k)}{dk^2}$ から導かれる有効質量 m_e^* および m_h^* を持って運動すると考えてよい．半導体結晶の種々の物性を，このような**有効質量近似** (effective mass approximation) を用いて議論することができる．

3.3.2 励起子

簡単のため，図 3.24(a) のような直接遷移型の半導体を考え，価電子帯は $E_v(k) = -\hbar^2 k^2/2m_h^*$ で与えられ，伝導帯は $E_c(k) = E_g + \hbar^2 k^2/2m_e^*$ で与えられるとする．光励起により，価電子帯の電子が伝導帯に遷移し，図 3.25 に示したような，結晶中を自由に動き回ることができる電子と正孔が生成したとする．電子と正孔はそれぞれ負と正の電荷を持つので，お互いにクーロン力により引き合いながら対となって運動することが予想される．このような電子と正孔の対を**励起子** (exciton) と呼ぶ（正確には，**ワニエ励起子** Wannier exciton)[1]．励起子を量子力学的に記述する際には，以下のような**ハミルトニアン** (Hamiltonian) から出発する．

$$H = -\frac{\hbar^2}{2m_e^*}\Delta_e - \frac{\hbar^2}{2m_h^*}\Delta_h - \frac{1}{\varepsilon}\frac{e^2}{|r_e - r_h|} \tag{3.78}$$

ここで，r_e と r_h は電子および正孔の位置座標であり，第 1 項は電子の運動エネルギー，第 2 項は正孔の運動エネルギー，第 3 項は電子と正孔の間のクーロン力のポテンシャルであり，ε は結晶の静電誘電率である．このハミルトニアンから固有関数と固有値を求める問題は，量子力学の二体問題にほかならず，二粒子の重心運動と相対運動に分けて考察することができる [28]．

ここで，重心運動を記述する座標 $R = (m_e^* r_e + m_h^* r_h)/(m_e^* + m_h^*)$ および，相対運動を記述する座標 $r = r_e - r_h$，さらに $\mu^{-1} = m_e^{*-1} + m_h^{*-1}$ で与えられる**換算質量** (reduced mass) μ および**全質量** (total mass) $M = m_e^* + m_h^*$ を導入する．そうすると，重心運動に対する**シュレーディンガー方程式** (Schrödinger equation) は，

$$-\frac{\hbar^2}{2M}\Delta_R \varphi_K(R) = E(K)\varphi_K(R) \tag{3.79}$$

となる．K は，重心の並進運動に対する波動ベクトルを表し，波動関数 $\varphi_K(R) = e^{iK\cdot R}$ に対応してエネルギーの固有値 $E(K) = \hbar^2 K^2/2M$ が得られる．

---

[1] 結晶格子の格子間距離に比べて波動関数の広がりが小さいフレンケル励起子も存在する．

第3章 ナノ粒子の光学的性質

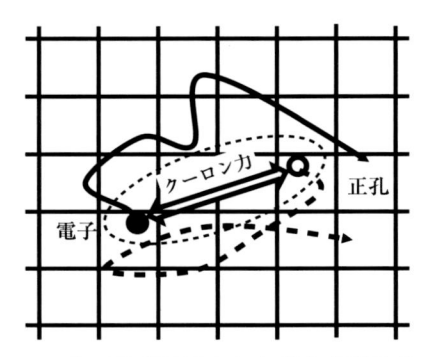

図 3.25 クーロン力で結び付けられながら半導体結晶中を運動する電子正孔対（励起子）

一方で，相対運動に対するシュレーディンガー方程式は，

$$\left[-\frac{\hbar^2}{2\mu}\Delta_r - \frac{1}{\varepsilon}\frac{e^2}{r}\right]\phi_n(\boldsymbol{r}) = E_n\phi_n(\boldsymbol{r}) \tag{3.80}$$

のように書け，これは水素原子のシュレーディンガー方程式と同じ形になる．したがって，エネルギーの固有値は，

$$E_n = -\frac{R_{\text{ex}}}{n^2}, (n = 1, 2, 3, \cdots) \tag{3.81}$$

のように与えられる．励起子（電子正孔対）の全エネルギーは，重心運動と相対運動のエネルギーの和となり，エネルギーの基準を価電子帯の上端にとると，

$$E_{\text{ex}} = E_{\text{g}} + \frac{\hbar^2 K^2}{2M} - \frac{R_{\text{ex}}}{n^2}, \quad (n = 1, 2, 3, \cdots) \tag{3.82}$$

が最終的に得られる．上式を模式的に表したものが，図 3.26 である．

励起子の空間的広がりを表すのが，励起子の有効ボーア半径 (effective Bohr radius) であり，水素原子の場合と同様に，

$$a_{\text{B}}^* = \frac{\varepsilon\hbar^2}{\mu e^2} = \varepsilon\frac{m}{\mu} \times 0.53 \text{ Å} \tag{3.83}$$

で与えられる．ここで m は真空中の電子の質量である．また励起子に対する有効リュードベリエネルギー (effective Rydberg energy) R_{ex} は，

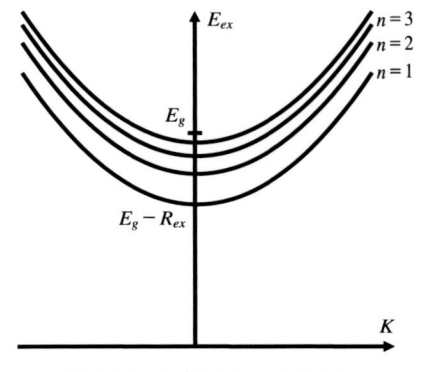

図 3.26 励起子のエネルギー

$$R_{ex} = \frac{e^2}{2\varepsilon a_B^*} = \frac{\mu}{m}\frac{1}{\varepsilon^2} \times 13.6 \text{ eV} \tag{3.84}$$

で与えられる．励起子の基底状態（最低エネルギー状態）のエネルギーは，(3.82)式で $K = 0$，$n = 1$ とすることにより得られ，バンドギャップエネルギー E_g より R_{ex} だけ低くなる．R_{ex} は，励起子の**束縛エネルギー** (binding energy) とも呼ばれる．

　直接遷移型，間接遷移型の代表的な半導体結晶について，電子，正孔，励起子に関する各種パラメーターをまとめたものが，表 3.2 である [30]．この表の各種パラメーターのうち特に励起子の有効ボーア半径 a_B^* の値は，後に量子閉じ込めの効果を考察する際に重要なパラメーターの１つになる．

　半導体結晶中の励起子は，光吸収測定あるいは蛍光測定によって観測可能である．ここでは，１つの例として，GaAs 結晶について M. D. Struge によって報告された光吸収スペクトル [31] を図 3.27 に示す．図には，室温から 21K まで温度を変化させた際の，光吸収係数 α の光子エネルギー依存性がプロットされている．室温のスペクトルでは，1.42 eV 付近で吸収が急激に立ち上がっている．これは，直接遷移型半導体の特徴であり，吸収係数はバンドギャップのエネルギー E_g で立ち上がる．測定温度が低くなるにつれ，スペクトルは高エネルギー側にシフトするが，それとともに吸収係数の立ち上がり付近で明確なピークがみられるようになる．全体的な高エネルギー

表 3.2 代表的な半導体結晶の電子，正孔，励起子に関するパラメーター [30]

結晶	E_g [eV]	m^*/m	R_{ex} [meV]	a_B^* [nm]
Si	1.11 (ID)	e: 0.322 hh: 0.523 hl: 0.154	14.7	4.9
Ge	0.67 (ID)	e: 0.22 hh: 0.347 hl: 0.042	4.15	17.7
GaAs	1.43 (D)	e: 0.042 hh: 0.32 hl: 0.045	4.21	14.3
CdS	2.58 (D)	e: 0.20($\parallel$) 0.21($\perp$) h: 5.0($\parallel$) 0.7($\perp$)	28.0	3.0
CuCl	3.42 (D)	e: 0.43 h: 4.2	213	0.70

ID: 間接ギャップ　D: 直接ギャップ　hh: 重い正孔　hl: 軽い正孔

シフトは，E_g が温度に依存し低温になるとともに大きい値をとることに由来している．一方，明確なピークは，$n = 1$ の励起子による吸収ピークである．GaAs 結晶での励起子の束縛エネルギー R_{ex} は，数 meV 程度であり，室温では熱エネルギーにより励起子は自由な電子と正孔に解離している．しかし，低温ではクーロン引力の効果が上回り，電子と正孔は励起子として運動し，図 3.27 のように，吸収スペクトル上で明確なピークとして観測されるようになる．

3.3.3 弱い閉じ込め（励起子閉じ込め）の効果

前述のように，バルク結晶内の電子や正孔，あるいは励起子を考察する際には，結晶表面の存在は忘れて，無限大の結晶格子内で運動するとして良い．しかし，結晶のサイズが小さくなると，もはや表面の存在を無視するこ

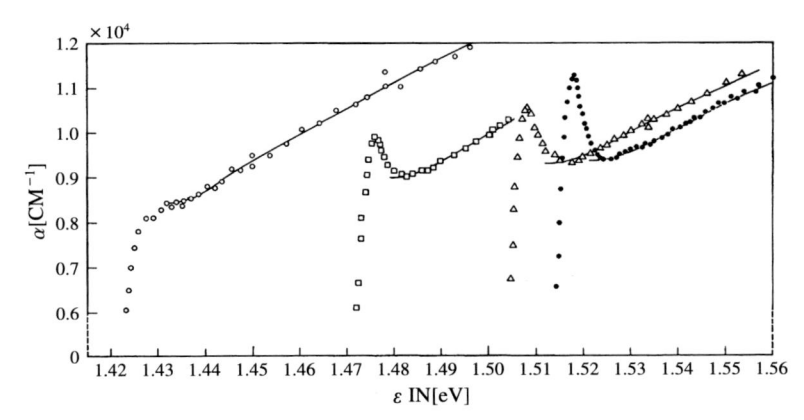

図 3.27 光吸収測定による GaAs 結晶での励起子の観測 [31].
○ 294 K, □ 186 K, △ 90 K, ● 21 K

とはできず，粒子は有限の空間内に閉じ込められることを考慮しなくてはならなくなる．結晶サイズが十分に小さいと，量子的な効果により，電子状態が変化する．つまり，量子サイズ効果 (quantum size effect) が顕著になってくる．半導体結晶では，弱い閉じ込め (weak confinement)（励起子閉じ込め exciton confinement），強い閉じ込め (strong confinement)（個別粒子閉じ込め confinement of individual particles）と呼ばれる 2 つのサイズ領域が存在し，以下にそれらについて述べる．

励起子の有効ボーア半径が a_B^* であるような半導体結晶で半径 R の球形粒子を作ったとする．$R \gg a_B$ のときには，粒子内では励起子の並進運動が制限され，「弱い閉じ込め (weak confinement)」あるいは「励起子閉じ込め (exciton confinement)」の現象が生じる．ここで，$R \gg a_B^*$ とは，R が a_B^* の数倍以上であることを意味する．励起子を質量 $M = m_e^* + m_h^*$ を持つ 1 つの粒子と見なし，(1.9) 式と同様の，半径 R のところで無限に高い障壁を持つ球対称ポテンシャル井戸に閉じ込められているとすると，閉じ込められた励起子のエネルギーは，

$$E_{ex} = E_g - \frac{R_{ex}}{n^2} + \frac{\hbar^2 \chi_{ml}^2}{2MR^2}, \quad (n = 1, 2, 3, \cdots) \tag{3.85}$$

のように与えられる．この式の右辺の第 3 項が (1.10) 式に対応し，励起子

の並進運動の閉じ込め効果を表している．前述のように，χ_{ml} は，l 次の球ベッセル関数 (spherical Bessel funciton) の m 番目のゼロ点の位置を表している．閉じ込められた励起子の最低エネルギー状態は $n = 1$, $l = 0$, $m = 1$ に対応しており，そのエネルギーは，

$$E_{ex} = E_g - \frac{R_{ex}}{n^2} + \frac{\hbar^2\pi^2}{2MR^2}, \quad (n = 1, 2, 3, \cdots) \tag{3.86}$$

で与えられる．これは，バルク結晶中の励起子の基底状態に比べて，$\hbar^2\pi^2/2MR^2$ だけ高エネルギー側に存在する．したがって，励起子閉じ込めの効果は，高エネルギーシフトとして現れ，シフト量は $\frac{1}{R^2}$ に比例し，粒子サイズの減少とともに大きくなる．

3.3.4 強い閉じ込め（個別粒子閉じ込め）の効果

次に，$R \ll a_B^*$ の場合を考えよう．この場合には，電子や正孔にとっては空間的閉じ込め効果のほうが，クーロン力によるお互いの束縛よりもより強く働き，上述の励起子を形成したまま空間閉じ込めを受けるという描像が成り立たなくなる．むしろ，電子や正孔が個別に閉じ込められるという，「強い閉じ込め (strong confinement)」あるいは「個別粒子閉じ込め (confinement of individual particles)」の領域になる．

単純に，自由な電子あるいは自由な正孔が，それぞれ独立に無限に高い障壁を持った球形ポテンシャル井戸内に閉じ込められているとすると，それらのエネルギーは，

$$E_{nl}^c = E_g + \frac{\hbar^2\chi_{nl}^2}{2m_e^*R^2}, \tag{3.87}$$

$$E_{nl}^h = -\frac{\hbar^2\chi_{nl}^2}{2m_h^*R^2} \tag{3.88}$$

で与えられる．ただし，ここではエネルギーの基準を，価電子帯の上端にとっている．(3.87) および (3.88) 式で与えられる，電子および正孔の離散化されたエネルギー準位を模式的に示したものが，図 3.28 である．離散化された正孔の nl 状態から離散化された電子の nl 状態への遷移のエネルギーは，

3.3 量子サイズ効果

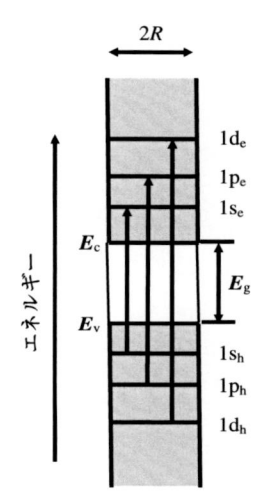

図 3.28 電子と正孔の個別粒子閉じ込めによって生じるエネルギー準位と準位間の遷移

$$E_{nl}^{\text{tran}} = E_{nl}^{\text{c}} - E_{nl}^{\text{h}} = E_{\text{g}} + \frac{\hbar^2 \chi_{nl}^2}{2\mu R^2} \tag{3.89}$$

となる．ここで，μ は前述の $\mu^{-1} = m_{\text{e}}^{*-1} + m_{\text{h}}^{*-1}$ で与えられる電子と正孔の換算質量である．個別粒子閉じ込めの場合，最低遷移エネルギーは，E_{g} よりも $\hbar^2 \chi_{nl}^2 / 2\mu R^2$ だけ高くなり，微粒子内ではその分だけバンドギャップが広くなると考えることもできる．エネルギーの増分は，やはり $\frac{1}{R^2}$ に比例し，粒子サイズの減少とともに増加するが，増加の度合いは励起子閉じ込めの場合には電子と正孔の全質量 M に，個別粒子閉じ込めの場合は換算質量 μ に依存することを注意しておく．

　上述の取扱いでは，電子と正孔間のクーロン引力を無視し，それぞれが独立に狭い空間に閉じ込められていると考えた．しかし，電子と正孔が狭い空間内に同時に存在すれば，当然お互いのクーロン相互作用を無視する訳にはいかない．したがって，個別閉じ込めの問題を正確に議論するためには，以下のような2粒子のハミルトニアンから出発する必要がある．

$$H = -\frac{\hbar^2}{2m_{\text{e}}^*}\Delta_{\text{e}} - \frac{\hbar^2}{2m_{\text{h}}^*}\Delta_{\text{h}} - \frac{1}{\varepsilon}\frac{e^2}{|\boldsymbol{r}_{\text{e}} - \boldsymbol{r}_{\text{h}}|} + V(r) \tag{3.90}$$

これは，(3.78) 式の励起子のハミルトニアンに空間閉じ込めのポテンシャル $V(r)$ が付加されたものである．萱沼の理論的解析の結果 [32]，上述の最低遷移エネルギーは，

$$E_0^{\mathrm{tran}} = E_\mathrm{g} + \frac{\hbar^2\pi^2}{2\mu R^2} - 1.786\frac{e^2}{\varepsilon R} - 0.248 R_\mathrm{ex} \tag{3.91}$$

のように変更されることが分かっている．

上述の議論では，閉じ込めのポテンシャルは，無限に高い障壁を持つと仮定しているが，実験結果の解析の際には，ポテンシャル障壁が有限の高さであることを考慮する必要がある．一般に，有限の高さの閉じ込めでは，無限の高さの場合よりも，高エネルギーシフトの量が小さくなる．

3.3.5 量子サイズ効果の観測例

半導体ナノ結晶の光学的性質に関する理論的，実験的研究は，1980 年代の初頭に開始され，現在に至っている．この分野の研究は，ナノ結晶作製技術の発展の裏付けの下に発展し，現時点でもナノサイエンス・ナノテクノロジーの中の大きな一分野を形成していると言っても過言ではない．旧ソビエト連邦 Ioffe 研究所の E. I. Ekimov らのグループは，ガラス中に埋め込まれた**半導体ナノ結晶** (semiconductor nanocrystals) を試料とし，光吸収測定により，**量子サイズ効果** (quantum size effect) の観測を行った [33, 34, 35]．彼らの用いた試料は，基本的には分光実験でしばしば用いられる色ガラスフィルターと同じである．そのような試料は，高温で溶融状態にあるガラスに半導体材料を混合し，冷却および熱処理の過程を経て作製される．一方，アメリカのベル研究所の L. E. Brus らは，量子サイズ効果の重要性にいち早く気づき，理論的解析を進めるとともに，コロイド法により作製した半導体ナノ結晶の量子サイズ効果を観測した [36, 37, 38]．

これらの研究を契機として，ナノ結晶作製法の改良や新しい作製法の開発と相まって，量子サイズ効果に関する研究が非常に活発に行われた．E. I. Ekimov らや L. E. Brus らの初期の研究では，主として直接遷移型の半導体である CdS, CdSe, ZnSe, CuCl 等のナノ結晶が研究対象であったが，1990 年に間接遷移型の半導体の代表格である Si のナノ構造に関する衝撃的

な論文が L. T. Canham [39] によって発表された．L. T. Canham は，陽極化成法により Si ウエハーを多孔質化し，多孔質 Si (porous Si) を作製した．多孔質 Si を波長 514.5 nm のレーザー光によって光励起すると，可視光領域（約 1.6 eV）に強い発光を示した．バルクの Si 結晶では，E_g が約 1.1 eV でありしかも間接遷移型であるので，強い可視発光は見られない．ところが，多孔質 Si はナノメートルサイズの柱状構造をとり，量子サイズ効果によりバンドギャップが広がり，可視光発光をすると考えられた．このような報告は，従来は不可能であった，Si を用いた発光素子の実現を示唆するものであり，世界中の注目を浴び，以後 Si や Ge のナノ結晶の発光に関する研究が精力的に行われるようになった．この項では，まず直接遷移型の半導体ナノ結晶の量子サイズ効果の光吸収による観測例を紹介し，その後 Si ナノ結晶の発光スペクトルの観測例について述べる．

図 3.29 は，E. I. Ekimov ら [35] が報告した CdS および CuCl ナノ結晶の光吸収スペクトルである．前述のように，用いられた試料はガラス中に半導体ナノ結晶を埋め込んだものであり，液体 He 温度の 4.2 K で測定されている．CdS ナノ結晶について示されている 1~4 の曲線は，ナノ結晶の平均サイズ（半径）32, 2.3, 1.5, 1.2 nm に対応している．また，CuCl ナノ結晶の 1~3 の曲線は，平均サイズ 31, 2.9, 2.0 nm に対応している．CdS, CuCl どちらの場合にも，粒子サイズが 30 nm 程度の大きい粒子の光吸収スペクトル（曲線 1）はバルク結晶のものとほぼ同じで，励起子による光吸収帯を明確に示している．CdS バルク結晶では，価電子帯が 3 つに分裂していることを反映して A,B,C で区別される 3 つの励起子帯 ($n = 1$) がみられている．一方で，CuCl 結晶の場合にも，価電子帯の分裂を反映して，Z_3 および $Z_{1,2}$ 励起子の吸収ピークがみられている．CdS ナノ結晶のスペクトルでは，粒子サイズが減少するとともに，吸収の立ち上がりが高エネルギー側にシフトするとともに，スペクトルに振動的な構造が表れている．また，CuCl ナノ結晶の場合には，Z_3, $Z_{1,2}$ 励起子吸収帯は形を保持しながらも，粒子サイズの減少とともに高エネルギー側にシフトしている．これらの振る舞いは，量子サイズ効果に由来するものである．

表 3.2 によると，励起子の有効ボーア半径 a_B^* は，CdS 結晶中で 3.0 nm，

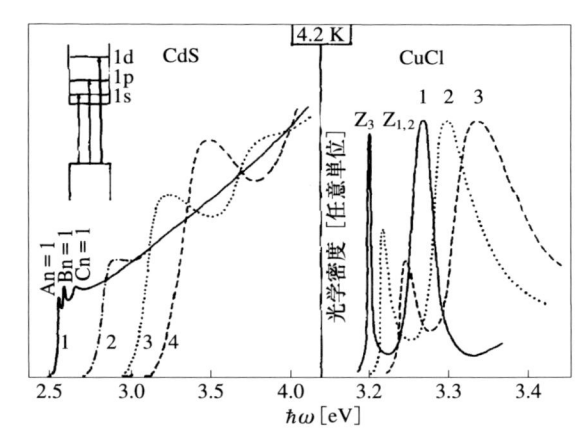

図 3.29 E. I. Ekimov ら [35] によって報告された CdS および CuCl ナノ結晶の光吸収スペクトル．CdS ナノ結晶の曲線 1,2,3,4 は，ナノ結晶の平均半径が 32, 2.3, 1.5, 1.2 nm の場合である．また，CuCl ナノ結晶の曲線 1,2,3 は平均半径 31, 2.9, 2.0 nm に対応している．

CuCl 結晶では，0.7 nm である．この事を考慮すると，CdS ナノ結晶中では個別粒子閉じ込めが，CuCl ナノ結晶中では励起子閉じ込めが生じていると考えるのが妥当である．実際，E. I. Ekimov らによれば，CdS ナノ結晶でみられる励起子帯のピークのサイズ依存性は，(3.89) 式に試料中のナノ結晶のサイズ分布を取り入れた式でうまく説明され，量子サイズ効果によって離散化した価電子帯と伝導帯間のバンド間遷移が吸収スペクトルの振動構造となって観測されたと結論づけられた．一方，CuCl ナノ結晶では，励起子閉じ込めにより (3.86) 式に従って吸収帯がシフトしていると考えられる．E. I. Ekimov らは，Z_3, $Z_{1,2}$ 励起子吸収帯の位置を，粒子半径の 2 乗の逆数の関数としてプロットし，図 3.30 を得ている．実験点は，きれいに直線でフィットでき，直線の傾きから励起子の全質量 M が求まる．実際に求められた M の値は，文献値と良い一致を示している．

　上述の観測例は，個別粒子閉じ込めと励起子閉じ込めの典型的な例となっているが，本来はそれぞれの描像は中間領域を経て徐々に移り変わるものと考えられる．萱沼は [40]，そのような描像の移り変わりも含めて量子サイズ効果を理論的に解析し，実験結果と比較した．図 3.31 がその結果で

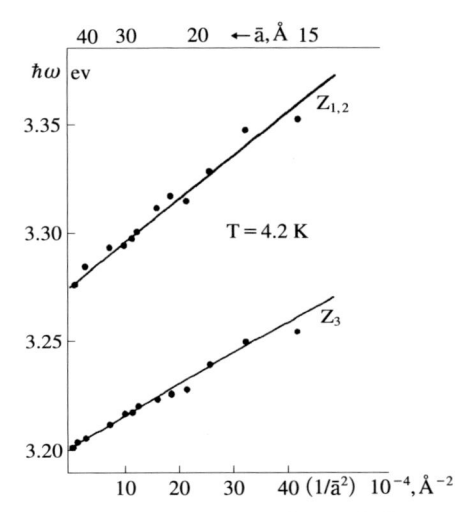

図 3.30 CuCl ナノ結晶の Z_3, $Z_{1,2}$ 励起子吸収帯のサイズ依存性. 吸収帯ピーク位置を粒子半径の 2 乗の逆数に対してプロットしたもの [35]

ある．図の横軸は，粒子半径 R と有効ボーア半径 a_B^* の比 R/a_B^* にとられており，縦軸は有効リュードベリエネルギー (effective Rydberg energy) で計ったエネルギーシフト量である．パラメーター σ は，正孔と電子の有効質量の比 m_h^*/m_e^* である．実験データとしては，前述の E. I. Ekimov ら [35] の CdS ナノ結晶に対するもの（三角印）および伊藤ら [41] の NaCl 結晶中に埋め込んだ CuCl ナノ結晶に対するもの（丸印）がプロットされている．図 3.31 は，$R/a_B^* > 4$ の励起子閉じ込めの領域から連続的にエネルギーシフトが生じ，$2 \leq R/a_B^* \leq 4$ の中間領域を経て量子閉じ込めの描像が変わり，$R/a_B^* < 2$ の個別粒子閉じ込めの領域に至ることを示している．CuCl ナノ結晶の実験データは励起子閉じ込めの領域で，CdS ナノ結晶の実験データは個別粒子閉じ込めの領域で，萱沼の理論の結果と良く一致していることが見て取れる．

次に，間接遷移型半導体の代表格である Si のナノ結晶での，量子サイズ効果の観測例を紹介する．図 3.32 は，著者らのグループが作製した SiO_2 マトリックス中に埋め込まれた Si ナノ結晶 (Si nanocrystals)（以後 nc-Si と

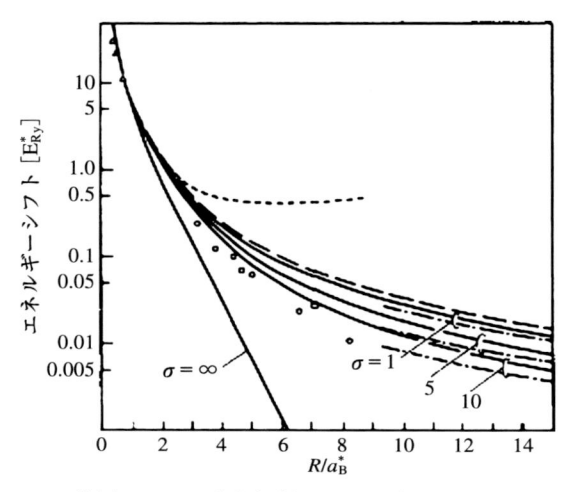

図 3.31　萱沼による理論的解析の結果と実験結果の比較 [40]

表記する) の高分解能電子顕微鏡写真である．この試料は，高周波スパッタリング装置を用いて，Si と SiO_2 を同時にスパッタリングして得られたものである [42, 43]．実際の試料作製では，まず Si ターゲットと SiO_2 ターゲットを同時にスパッタリングして，適当な基板 (通常は Si ウエハー) 上に Si と SiO_2 の混合膜を形成する．このような混合膜は，Si-rich SiO_2 膜，あるいは SiO_x 膜と見なすことができる．その後，混合膜を窒素ガス雰囲気中で，1000 ～ 1300℃ で熱処理する．そうすると最終的に，アモルファスの SiO_2 膜中に埋め込まれた nc-Si の試料が得られる．このような試料系では，同時スパッタリング時の Si のスパッタ量が多いほど，つまり混合膜中の Si 含有量が多いほど，また，熱処理温度が高いほど，生成する nc-Si のサイズが大きくなる．図 3.32 から分かるように，nc-Si はほぼ球形であり，写真に現れている格子縞はダイヤモンド構造の (111) 面に対応している．このことから，非常に結晶性の良い nc-Si が得られていることが分かる．

図 3.33 は，種々の条件で作製した nc-Si 試料について，電子顕微鏡観察から得られたサイズ分布を示したものである．図に見られるように，サイズ分布の幅は比較的狭く，平均サイズ (直径) が 3.3 nm から 9.0 nm まで系統

図 3.32 同時スパッタリング法で作製した，SiO_2 マトリックス中に埋め込まれたナノ結晶 Si の高分解能電子顕微鏡写真

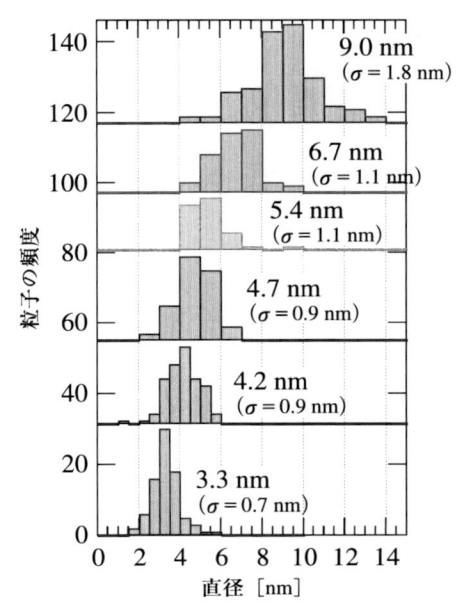

図 3.33 SiO_2 マトリックス中に埋め込まれたナノ結晶 Si のサイズ分布

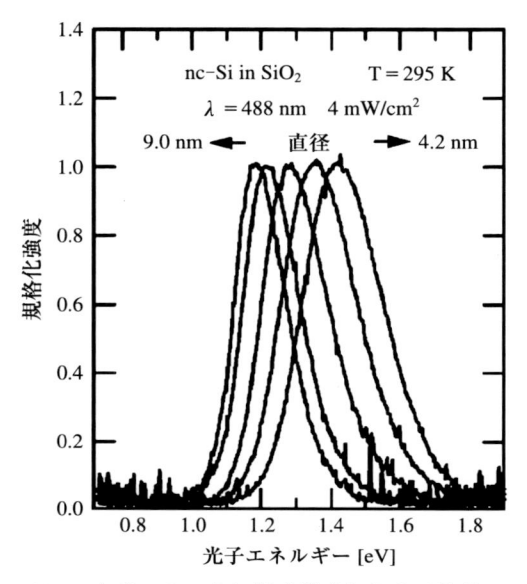

図 3.34 SiO$_2$ マトリックス中に埋め込まれたナノ結晶 Si の蛍光スペクトル（平均サイズ依存性）[43]

的に変化しており，量子サイズ効果の検証には非常に適した試料であると言える．以上は，同時スパッタリング時に Si ターゲットをスパッタリングした場合であるが，Si ターゲットの代わりに Ge ターゲットをスパッタリングすると SiO$_2$ 中に埋め込まれた **Ge ナノ結晶 (Ge nanocrystals)** を作製することもできる [44]．さらに，Si ターゲットと Ge ターゲットを同時スパッタリングすれば，Si$_{1-x}$Ge$_x$ 混晶のナノ結晶を，しかも混晶比 x を変えて作製することも可能である [45]．

図 3.34 は，室温で測定した nc-Si の **蛍光 (photoluminescence)** スペクトルのサイズ依存性である [43]．蛍光の励起には，Ar$^+$ イオンレーザーの 488 nm の発振線を用いている．表 3.2 にあるように，バルク Si 結晶の室温でのバンドギャップエネルギーは約 1.1 eV である．図の左端のスペクトルは，平均サイズが 9.0 nm の nc-Si による発光であり，バルクのバンドギャップエネルギーよりも少し高エネルギー側にシフトした位置に，発光ピークを示

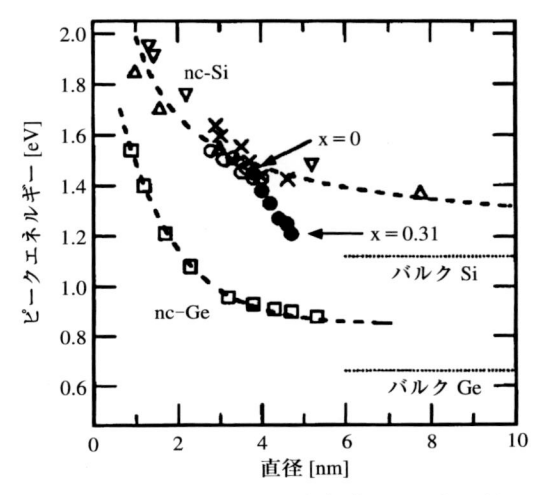

図 3.35 nc-Si, nc-Ge, $Si_{1-x}Ge_x$ の発光ピークエネルギーの粒子サイズ依存性 [45]

している．平均サイズが減少すると，発光ピークはどんどん高エネルギーシフトし，平均サイズが 4.2 nm では，ピークエネルギーが約 1.4 eV にまで達している．

　発光ピークエネルギーを粒子サイズの関数としてプロットしたものが図 3.35 である [45]．この図には，他のグループによって得られた nc-Si に関するデータ，著者らのグループによって得られた nc-Ge に関するデータ [44] および $Si_{1-x}Ge_x$ に関するデータ [45] もまとめて示してある．図から分かるように，nc-Si，nc-Ge いずれの場合にも，粒子サイズの減少とともに，バルク結晶のバンドギャップエネルギー付近から連続的に高エネルギーシフトしている．SiO_2 マトリックス中に埋め込まれたナノ結晶の試料では，マトリックス中の欠陥準位や，マトリックスとナノ結晶の界面での欠陥準位が発光に寄与する可能性がある．しかし，図 3.35 に見られる高エネルギーシフトは，バルク結晶のバンドギャップ付近から始まり連続的に生じていることから，発光ピークの起源は電子と正孔の再結合による発光で，少なくとも定性的には量子閉じ込め効果（励起子閉じ込め）によるものと結論される．ただ，nc-Si や nc-Ge の場合，表面が酸素で終端されているか，水素で終端さ

れているかによっても発光ピーク位置が異なり，定量的な議論には，前項の解析よりもさらに詳しい解析が必要となる．SiO_2 マトリックス中に埋め込まれた nc-Si, nc-Ge, nc-$Si_{1-x}Ge_x$ の系では，表面が酸素で終端されていることが重要である．

　$Si_{1-x}Ge_x$ バルク混晶では，バンドギャップエネルギーが組成比 x に依存し，Si のバンドギャップエネルギーと Ge のバンドギャップエネルギーの間で変化する．そのことを反映して，nc-$Si_{1-x}Ge_x$ の発光ピークエネルギーは，粒子サイズのみならず組成比 x にも依存する．図 3.35 の nc-$Si_{1-x}Ge_x$ のデータは，このことを明確に示しており，発光ピークエネルギーが組成比 x によって制御可能であることを物語っている．上述のような Si や Ge 系のナノ結晶に関する研究は，発光現象に限らず多岐にわたって繰り広げられており（たとえば，単一電子トンネリング現象 [46, 47]），種々の応用が期待されている．

3.4　原子・分子からマイクロクラスター，ナノ粒子へ

3.4.1　基本的な考察

　前節までのナノ粒子の光学的性質に関する記述は，トップダウン的な考え方に基づいている．つまり，バルク結晶から出発し，結晶のサイズが小さくなると，どのように物性が変化するのかという考え方である．前節に示した，粒子サイズが約 1 nm 以上のナノ粒子に対する観測例は，このような考え方で十分理解できる．しかし，粒子サイズが約 1 nm 以下になり，いわゆるマイクロクラスター (microcluster) の領域になると，光学的性質がどのようになるのか，といった疑問が湧いてくる．マイクロクラスターの光学的性質を考察する際には，トップダウン的な考え方よりもむしろボトムアップ的な考え方のほうが有効である．ボトムアップ的な考え方では，むしろ原子・分子から出発して，原子数が増加し，マイクロクラスター，ナノ粒子を経てバルク結晶に至る際に，どのように物性が変化するのかを考察する．本節では，そのような考え方に基づいて，光学的性質の粒子サイズ依存性について考察する．

3.4 原子・分子からマイクロクラスター，ナノ粒子へ

物質の光学的性質は，その物質の持つ種々のエネルギー状態（電子，励起子，フォノン等）によって決定付けられる．まず，電子のエネルギー状態が原子数とともにどのように変化するのかを，定性的に見ておく．ここでは話を簡単にするために，1種類の原子のみを考える．図 3.36 は，孤立した1つの原子（単量体，モノマー monomer とも呼ばれる）から出発し，2原子分子（2量体，ダイマー dimer とも呼ばれる），N 個の原子からなるマイクロクラスター，さらには 1 cm^3 当たりの原子数がアボガドロ数（～10^{23}）程度の結晶になるときに，電子のエネルギー状態がどのように変化するかを模式的に示したものである．原子1個が孤立している場合（たとえば，水素原子）には，電子状態は離散的なものになり，エネルギーは飛び飛びの値をとる（図 3.36(a)）．ところが，原子が2個集まって分子（たとえば，水素分子）を形成する際には，孤立原子のそれぞれのエネルギー準位は2つに分裂する[1]（図 3.36(b)）．この延長線上で，N 個の原子が集まってマイクロクラスターを形成したとすると，N 個の電子状態に分裂すると考えて良い（図 3.36(c)）．さらに，固体物理学の教科書 [2, 28] に説明されているように，結晶中ではさらに分裂が進み，ほとんど連続的にエネルギー状態が分布し，**エネルギーバンド構造 (energy band structure)** が形成される（図 3.36(d)）．通常，このような筋道に沿った，エネルギーバンド構造形成の議論は，**強結合近似 (tight binding approximation)** に基づいてなされる [28]．

図 3.36 のような電子のエネルギー状態の変化からは，以下のような光学スペクトルの変化が予想される．電子の状態間の遷移を反映した光吸収スペクトル（通常は紫外可視領域）を考えると，孤立原子では各遷移に対応する鋭い吸収ピークが観測されるはずである．2原子分子あるいは多原子分子になると，電子状態の分裂を反映して，吸収ピークも分裂すると予想される．さらに原子数が増加したマイクロクラスターでは，分裂がさらに激しくなり，分裂したエネルギー準位が接近したり重なり合ったりするために，むしろ吸収ピークに幅の広い成分が含まれてくる．エネルギーバンド構造が形成されるサイズにまで粒子が大きくなると，前節までに述べたような描像に

---

[1] 水素分子形成の量子論では，孤立原子の電子状態の線形結合により，結合状態および反結合状態が生成され，2つのエネルギー状態に分裂する．

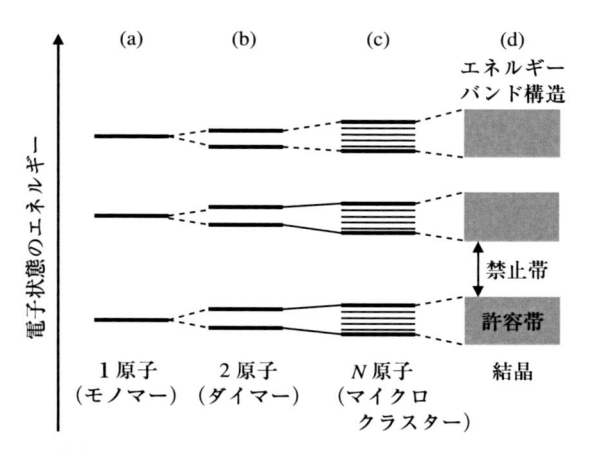

図 3.36 原子からマイクロクラスター，バルク結晶へと原子数が増加する際のエネルギー状態の変化

変化し，表面ポラリトン (surface polariton) や，量子サイズ効果 (quantum size effect) を反映したような光吸収スペクトルになる．

　赤外線領域での光学スペクトルを決定づける原子振動の状態についても，上述の電子状態の変化と類似の変化が予想される．一般に，N 個の原子から成るマイクロクラスターでは $(3N-6)$ 個の振動状態が存在する．したがって，原子数の増加とともに，振動状態の数が増加する．結晶中では，原子振動は波として伝搬するフォノン (phonon) になり，電子のエネルギーバンド構造と類似の，ほとんど連続的にエネルギーが変化する振動数分布（フォノンの分散関係 dispersion relation）を持つ．このような振動状態の原子数依存性に対応して，上述のスペクトル変化と類似の変化が見られると予想できる．つまり，サイズの小さいマイクロクラスターではシャープな吸収ピークが現れ，サイズの増加とともに分裂が見られる．ある程度以上大きいマイクロクラスターになると幅の広い成分が現れ，サイズの増加とともにナノ粒子の幅の広い表面モードのスペクトルに近づいて行く．以下では，このような現象を実際に観測した例について述べる．

3.4.2 希ガスマトリックス中のメゾスコピック粒子（観測例）

一般に，同じ物質で原子・分子の領域からナノ粒子の領域まで粒子サイズを変化させ，光学測定が可能な試料を作製するのは，容易ではない．しかし，メゾスコピック粒子を希ガスマトリックス[1]に埋め込む方法（マトリックス法 matrix method）を用いると，そのようなことが比較的容易に達成される．Ar や Kr 等の希ガス原子は，極低温（10 K 程度）で凝集させると固体になる．したがって，極低温に保った基板に希ガスを吹き付けると希ガスの固体薄膜が得られる．このとき，同時に他の原子（たとえば Ag 原子）を適当な比率で基板に凝集させると，その原子の粒子（Ag 粒子）が希ガス固体マトリックス中に埋め込まれた試料が得られる．生成する粒子のサイズは，希ガスと混ぜる他の原子の比率で制御することが可能である．混ぜる原子の比率を増加させることにより，原子・分子から，マイクロクラスター，ナノ粒子，あるいはバルク結晶のサイズにまで，粒子サイズを変えることができる．また，測定する光の波長領域で透明な基板を選択すれば，光の透過あるいは吸収スペクトルの測定が可能である．ただし，この方法では，ある程度以上のサイズの分布は覚悟しなくてはならない．以下に，このような希ガスマトリックス法を用いて行われた，LiF 粒子の振動状態（赤外領域），Ag 粒子の電子状態（紫外可視領域）に関する光学スペクトルの測定例を紹介する．

（a）Ar マトリックス中の LiF 粒子 (赤外吸収スペクトル)

T. P. Martin[48] は，基板を CsBr，マトリックスを Ar とし，LiF のモノマーやダイマーを含む試料から，マイクロクラスター，ナノ粒子，バルク結晶までサイズを変化させた試料についての赤外スペクトルを測定した．図 3.37 が測定された透過スペクトルである．一番上のスペクトルは，Ar 対 LiF の比率が 1/1000 の試料に対応しており，LiF のモノマー (monomer) およびダイマー (dimer) が埋め込まれている．図中下に行くにつれ，LiF の比

---
[1] ここでのマトリックスとは，他の物を埋め込むための媒質を意味する．

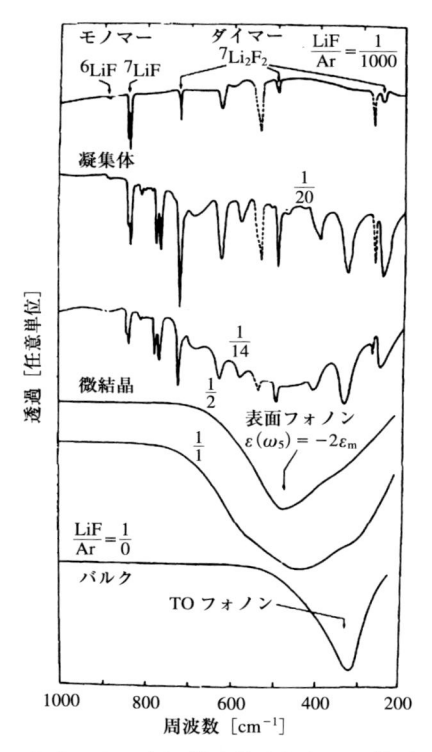

図 3.37 Ar マトリックス中に埋め込まれた LiF 粒子の赤外透過スペクトル [48]

率が増加しており，一番下のスペクトルは，Ar 無しで LiF のみを基板上に堆積した試料のものである．一番上のスペクトルには，シャープな吸収ピーク（透過率の落ち込み）が何本も現れており，過去の測定と比較することにより，LiF のモノマーおよびダイマーの振動モードに由来するものと結論される．LiF の比率が増加すると，吸収ピークの数が増え，これは LiF クラスターのサイズが大きくなったことによる．

Ar 対 LiF の比率が 1/14 のスペクトルでは，シャープな吸収ピークに加えてブロードな吸収帯が 500 cm^{-1} 付近に現れる．比率が 1/2 のスペクトルではシャープな吸収ピークは消え，ブロードな吸収帯のみになる．このブロードな吸収帯のピーク周波数は，(3.62) 式から求まるフレーリッヒモード

(Fröhlich mode) の周波数と良く一致する．このことは，ブロードな吸収帯は LiF ナノ粒子の**表面フォノン** (surface phonon) による吸収であることを物語っており，LiF の比率が大きいときに，LiF 粒子はナノ粒子というのに十分な大きさに成長していると言える．一番下のスペクトルは，LiF バルク結晶の**横光学フォノン** (transverse optical phonon) の位置に吸収ピークを示しており，基板上にはバルク結晶と同等の薄膜が堆積していると言える．図 3.37 は，原子・分子の領域から，マイクロクラスター，ナノ粒子を経てバルク結晶まで，サイズの変化に伴う振動スペクトルの変化を見事にとらえており，前項で述べた基本的な考察を実験的に裏付けていると言える．

(b) Kr マトリックス中の Ag 粒子（紫外可視吸収スペクトル）

W. Schulze ら [49, 50] は，サファイア基板上に，Kr マトリックス中に埋め込まれた Ag 粒子を作製し，紫外可視領域の光吸収スペクトルを測定した．ここには示さないが，Ag の濃度 C_{Ag} が低く 0.1% 以下の場合には，孤立した Ag 原子によるシャープな吸収ピークが波長 330 nm 付近に複数本観測される．C_{Ag} が少し増加した 0.8% の場合には，非常に多くのシャープな吸収ピークが現れ（文献 [49] の Fig. 2），それらは Ag_N クラスター ($N = 1 \sim 6$) に由来する吸収ピークであると解釈される．図 3.38 は，C_{Ag} をさらに増加させ，1.6 〜 5.4% まで変化させたときのスペクトルの変化を示している．$C_{Ag} = 1.6\%$ のスペクトルでは，Ag_N クラスター ($N = 1 \sim 6$) のシャープな吸収ピークと，300 〜 500 nm の領域に広がるブロードな吸収バンドが重なって現れている．C_{Ag} が増加するにつれ，シャープなピークは弱くなり，ブロードなバンドが優勢となり，$C_{Ag} = 5.4\%$ ではブロードなバンドのみになる．このようなスペクトルの変化は，Ag 粒子のサイズの増加を反映した変化であり，ブロードな吸収バンドは Ag ナノ粒子の**表面プラズモン** (surface plasmon) による光吸収にほかならない．W. Schulze ら [49, 50] の観測結果は，やはり原子・分子から，マイクロクラスターを経てナノ粒子に至るサイズ変化に伴う，光学スペクトルの変化を見事にとらえていると言える．

上述のように，マトリックス法を用いると，粒子サイズの変化に伴う光学スペクトルの変化を，比較的容易にしかも連続的に追跡することができる．

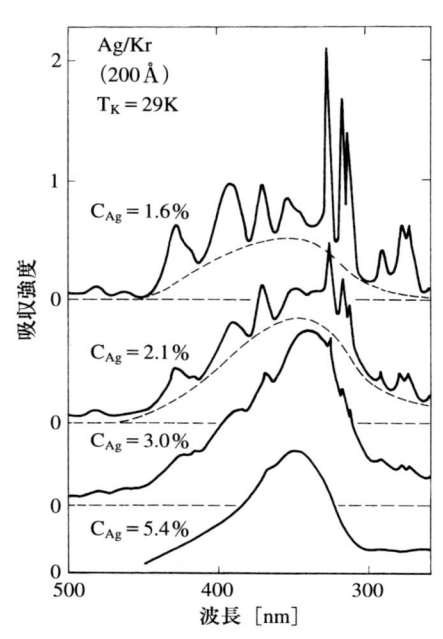

図 3.38 Kr マトリックス中に埋め込まれた Ag 粒子の紫外可視吸収スペクトル [49]

しかし，マトリックス中に存在する粒子のサイズを，正確に決定することは難しい．したがって，たとえば，原子数が何個の Ag マイクロクラスターから表面プラズモン吸収が優勢になるのか，といった問いには，正確に答えることができない．マイクロクラスターのサイズを特定して，サイズごとの光吸収スペクトルを測定する方法としては，気相中のマイクロクラスタービームを用いる方法が存在する [14]．この方法では，まず気相中にマイクロクラスターのビームを生成し，質量分析器に導いて，各サイズのマイクロクラスターの数（頻度）を計測しておく．その後，マイクロクラスタービームに光を照射し，マイクロクラスターの数の減少を検出する．一般に，ある程度以上のエネルギーを持つ光（フォトン）がマイクロクラスターに照射されると，マイクロクラスターから 1 個または複数個の原子が飛び出す（**光解離 photodissociation**）．通常，光解離したマイクロクラスターは，ビームから

は外れてしまい質量分析器で計測されなくなるので,光照射後のマイクロクラスターの数は減少することになる.光解離の度合いは,マイクロクラスターの光吸収が大きいほど大きくなるので,マイクロクラスターの数の減少を各波長で計測することにより,光吸収のスペクトルが得られることになる.

　K. Selbyら[51, 52]は,このような方法を用いてNa_Nクラスターの光吸収スペクトルを$N = 3 \sim 40$について測定し,理論計算との詳しい比較を行った.彼らは,$N = 3 \sim 5$の間でマイクロクラスター特有のシャープなスペクトルからブロードな表面プラズモンのスペクトルへの移り変わりが観測され,$N = 6$では,既に表面プラズモンのピークが明確に観測されることを報告している.Nが6以上の領域では,サイズの変化とともに表面プラズモンのピークが1本のみであったり,複数に分裂したりする.理論計算との比較から,これは粒子の形が球形であったり楕円体であったりするためであると解釈されている.

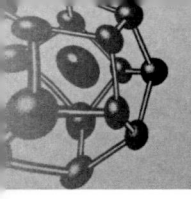

第4章

ナノ粒子の磁気的性質

- 要約

　本章では，まず，微視的（ミクロスコピック）サイズの原子・分子および巨視的（マクロスコピック）サイズの**バルク固体**（bulk solid：アボガドロ数に匹敵する原子数で構成された物質）の磁性の発現機構について概観する．次に，それらの中間の中視的（メソスコピック）サイズの**マイクロクラスター**（microclusters：構成原子数が識別可能）ならびに**ナノ粒子**（nanoparticles：電子顕微鏡でサイズ評価が可能）の磁気的性質について論述する．特に，量子サイズ効果，電子の局在性，表面・界面効果，量子力学的緩和現象，統計熱力学的緩和現象のサイズ依存性に力点を置く．

4.1 磁性の基礎

　最初に，原子，分子，バルク固体の電子状態，磁性の発現機構や基本的な概念について述べるが，詳細は標準的な教科書 [1-4] を参照されたい．

4.1.1 原子の磁性

(a) 多電子原子の電子状態

　水素原子（1.5.2 項参照）以外の原子は，複数個の電子を有している．電子間のクーロン相互作用を無視すると，**パウリの排他原理**[1]（Pauli's exclusion principle）の制約により，**主量子数**（principal quantum number）n の小さい，エネルギーの低いほうから**軌道量子数**（orbital angular momentum

---

[1] 電子が 2 個以上存在する場合，それらが同じ量子状態を占有することができないとする原理．

quantum number) l, 磁気量子数 (magnetic quantum number) m_l の異なる状態を順に占めていき，電子状態のエネルギーは，n のみならず l にも依存する．このとき，内側の球対称分布した閉殻電子を別にして，外側の閉じていない同じ殻 (n, l) にある電子どうしはクーロン相互作用する（互いに非対称ポテンシャルを受ける）ので，量子数 l, m_l で2電子以上の状態を表すことができない．すなわち，l, m_l は良い量子数 (good quantum number) でなくなる．しかし，特定の n の値について個々の1電子の l, m_l の波動関数を線形結合した合成軌道量子数 L, M_L を定義すると，多電子状態を表示することができ，L, M_L が良い量子数となる．後述するように，電子の自転に対応するスピン (spin) どうしも相互作用をするので，個々のスピンを一緒にした合成スピン量子数 S, M_S を定義する．

　正電荷を有する原子核の周りを負電荷の電子が周回する原子のイメージを太陽系に関する地動説に例えると，見かけ上，電子の周りを原子核が周回する天動説が成り立つ．このとき，周回する正電荷により電子の位置に磁場が発生し，（後述の (4.5) 式に類似して）スピンがその影響を受ける（スピン軌道相互作用 spin-orbit interaction）．原子番号が大きい重い原子になるほど，この相互作用が顕著となり，軌道状態とスピン状態を別々に取り扱えない．このような多電子状態は，軌道量子数とスピン量子数を合成した全角運動量量子数 (total angular momentum quantum number) J，その量子化軸（通常は z 軸方向）成分の磁気量子数 M_J で表される[1]．このように，エネルギーや量子状態が不連続（離散的）になることを「量子化」と呼ぶ．

(b) フントの規則

　異なるエネルギーを持つ多くの多電子状態が存在するので，それらの相対的安定性を判別するのは容易でない（詳しくは量子力学の教科書を参照されたい）．幸い，基底状態では，以下のフントの規則 (Hund' rules：経験則) が成立する．

---

[1] $M_J = -J, -J+1, \cdots, -1, 0, 1, \cdots, J-1, J$ と，$2J+1$ 個の値をとり得る．

(i) 個々のスピンをベクトル加算したときに S が最大となる．
(ii) 規則 (i) を前提に，個々の軌道量子数をベクトル加算したときに L が最大となる．

　パウリの排他原理の下でも，逆向きスピンを持った 2 個の電子は 1 つの軌道を占めることができるが，2 電子間のクーロン反発が著しい．(i) は，同じ向きのスピンの電子が別々の軌道状態を占め，(原子内交換相互作用により) エネルギーが低下することを意味する．(ii) は，軌道角運動量の向きが同じ (m_l の符号が同じ) で大きさが異なれば，電子が互いに離れて存在し，電子間の反発が抑制されることを意味する．

(c) 磁気モーメントの起源

　電磁気学によれば，負電荷を有する電子が正電荷を有する原子核の周りを回ると，周回電流に垂直に次式で表される**磁気モーメント** (magnetic moment) が生じる (アンペールの法則 Ampère's law)．

$$\boldsymbol{\mu} = -\frac{1}{2}e(\boldsymbol{r}\times\boldsymbol{v}) \tag{4.1}$$

電子の角運動量 (位置と運動量のベクトルの外積) が，

$$\boldsymbol{L} = m(\boldsymbol{r}\times\boldsymbol{v}) \tag{4.2}$$

となるので，両者は比例関係にある．量子力学では，角運動量は $\hbar = \frac{h}{2\pi}$ を単位として量子化されており (h はプランク定数)，**ボーア磁子** (Bohr magneton) を，

$$\mu_B = -\frac{e\hbar}{2m} \tag{4.3}$$

で表すと，後述するスピンの場合も含めて，次の関係が成立する．

$$\boldsymbol{\mu} = -g\mu_B \boldsymbol{L} \tag{4.4}$$

ここで，負の符号は電子の電荷が負であることに起因し，角運動量ベクトルと磁気モーメントは逆向きである．また，g は「**ランデ因子** (Landé g-factor)」と呼ばれ、軌道磁気モーメントに対して $g = 1$、スピン磁気モーメントに対して $g = 2$ となる。

さて、磁気モーメント μ（μ_z はその z 成分）に z 方向の外部磁場 H（大きさ H）を印加したとき、磁気ポテンシャルエネルギーはベクトルの内積、

$$U_\mathrm{M} = -\boldsymbol{\mu} \cdot \boldsymbol{H} = -\mu_z H = g\mu_\mathrm{B} M_L H, \tag{4.5}$$

で表され、M_L の値によりエネルギーが異なる[1]。(4.5) 式を z で微分すると、磁気モーメントは次のような力を受ける。

$$F_\mathrm{M} = -\frac{\partial U_\mathrm{M}}{\partial z} = \mu_z \frac{\partial H}{\partial z} \tag{4.6}$$

さらに、(4.6) 式に基づくシュテルン・ゲルラッハ (Stern-Gerlach) の実験により、スピン角運動量も磁気モーメントに寄与することが実証された。すなわち、図 4.1 のように、磁場勾配のある空間に入射された Ag 原子ビームは、2 本に分裂する。Ag の 5s 電子の軌道角運動量は $l = 0$ であるので、電子に別の角運動量 l' が付随し、磁場により $2l'+1$ 個の $m_{l'}$ 状態に分かれたと考えられる。これは、$2l' + 1 = 2$ となることを意味している。すなわち $l' \equiv s = \frac{1}{2}$, $m_{l'} \equiv m_s = \pm\frac{1}{2}$ となり、電子は、上向き (↑) スピンと下向き (↓) スピン角運動量を有している。

なお、原子を構成する陽子や中性子も磁気モーメントを持っているが、ボーア磁子を定義する (4.3) 式から分かるように、その大きさは、質量に反比例している。陽子や中性子の質量は電子に比べて 3 桁大きいので、巨視的な測定方法においては、それらの寄与を無視することができる。

(d) 電子の軌道状態と磁性

特定の n, J の $2(2l+1)$ 個の量子状態がすべて電子で占められているとき、閉殻 (closed shell) 状態と呼ぶ。このとき、電子の電荷が球対称分布し、原子は安定で、化学的に不活性である（希ガス原子）。$M_J = 0$ となるので、磁気モーメントは発生しない。磁気モーメントを担うのは、J のすべての量子

---

[1] これを、「ゼーマン分裂」と呼ぶ。

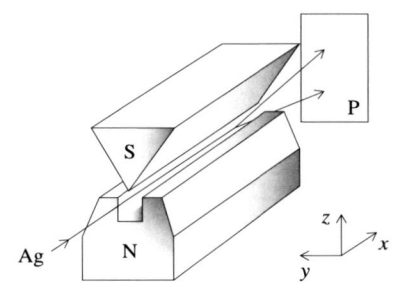

図 4.1 シュテルン・ゲルラッハ法の模式図．気化した Ag 原子ビームが左手前から磁場勾配のある磁場（S と N で表示）の中を通過して右奥のガラス板 P に当たる．原子ビームは，P 上で，磁場印加しないときは分離しないが，磁場を印加すると図のように 2 本に分離する．

状態が満たされていない**不完全殻** (incomplete shell) の電子であり，n が最大となる最外殻の電子のみを考慮すればよいはずである．

しかし，遷移金属原子の場合，原子核の位置で 3d 電子の波動関数（動径関数）の振幅が 0 であるのと対照的に，4s 状態は図 1.8 に示した 2s, 3s 電子と同様，3d より外側に広がると同時に，原子核の近くにも存在する．原子核から受けるクーロンエネルギー（引力）の絶対値は，4s 状態と 3d 状態でほぼ同じか，むしろ 4s 状態のほうが大きくなる．その結果，エネルギーの低い 4s 状態のほうが先に占有され，その後，3d 状態に電子が入っていく．$l = 2$ の 3d 状態には $2(2l+1)=10$ 個の電子を収容できるので，不完全核殻を持った原子は，フントの規則 (i) によりスピンに起因する原子磁気モーメントが発生する可能性が高くなる．また，4s 電子より内側にある 3d 電子の状態は周囲の影響を受けにくいので，3d 電子の磁気モーメントは安定となる．このような特徴は，希土類原子の 4f 状態と 5s, 5p, 5d, 6s 状態との間でも成立する．すなわち，4f 状態は 14 個の電子を収容でき，より原子核の近くに存在するので，磁気モーメントは，3d 状態よりいっそう周囲の影響を受けない．

磁気モーメントを有する原子が外部磁場中に置かれると，(4.5) 式に示した**ゼーマン分裂** (Zeeman splitting) が生じ，磁場方向の $|M_J|$ が最大となる状

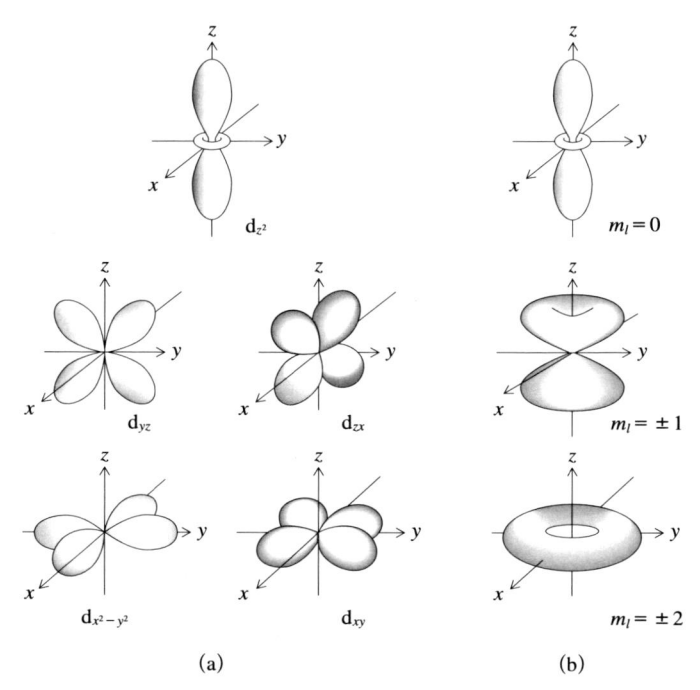

図 4.2 水素様 3d 電子の確率密度の角度依存性．(a) 実関数表示，(b) 複素関数表示．

態が最も安定となる．しかし，有限の温度 T では，熱エネルギー $k_\mathrm{B} T$ (k_B はボルツマン定数 Boltzmann constant) のために高いエネルギー準位も占められるようになり (スピンの熱ゆらぎが生じ)，磁場方向の平均磁気モーメントは温度とともに減少する．また，J が大きくなると相対的な準位間隔 $|\Delta M_J|/J$ が狭くなり，エネルギー準位の量子化が不明瞭になって，磁気モーメントの方向がほぼ連続的に変化する．つまり，古典的な常磁性体に移行する (後述の超常磁性体に相当する)．

4.1.2 分子および結晶の磁性

(a) 結晶場効果

第 1 章で述べた水素様 3d 電子 ($l = 2$) の確率密度の角度依存性は，図

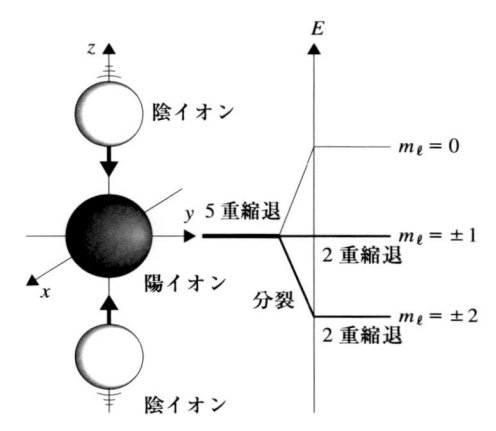

図 4.3 (a) 中心の陽イオンに上下から陰イオンが近づいたときの一軸性結晶電場，(b) 3d 電子の軌道準位（縮退）の分裂．

4.2(a), (b) に示すように，座標軸の特定の方向に伸びた（実関数）表示と z 軸の周りに回転する（複素関数）表示で描くことができ，両者は互いの波動関数の 1 次結合で表せる．磁場も電場も存在しないとき，$2l+1=5$ 個の状態は同じエネルギーを有している（**縮退 degenerate**）．磁場（z 軸方向）が存在すると，図 4.2(b) に対応する波動関数が正しい固有状態となり，異なる m_l に対して異なる固有値を持つ．

原子が集合していくと，1 つの原子にある電子の状態は周囲の原子が作り出す電場（固体の場合は結晶場 crystal field）の影響を受けて対称性が低下し，縮退が解ける．たとえば，図 4.3 に示すように，3d 電子が属する陽イオンの z 軸方向の上下に陰イオンが存在する場合（電子はクーロン反発力を受け），縮退していた図 4.2(a) のエネルギー準位が図 4.3 の右図のように分裂する（**結晶場分裂 crystal-field splitting**）．エネルギー的には，x, y 軸方向に広がった $m_l = \pm 2$ の状態が最も低く，次に $m_l = \pm 1$ の状態，そして z 軸方向に広がった $m_l = 0$ の状態が最も高くなる．電子数が増えると，最低準位から電子が占められていくが，$m_l = \pm 2$ および $m_l = \pm 1$ は 2 重縮退しており，実効的な軌道角運動量は 0 となる（**軌道角運動量の凍結 orbital quenching**）．そのため結晶場中に存在する 3d 電子の磁気モーメントは主に

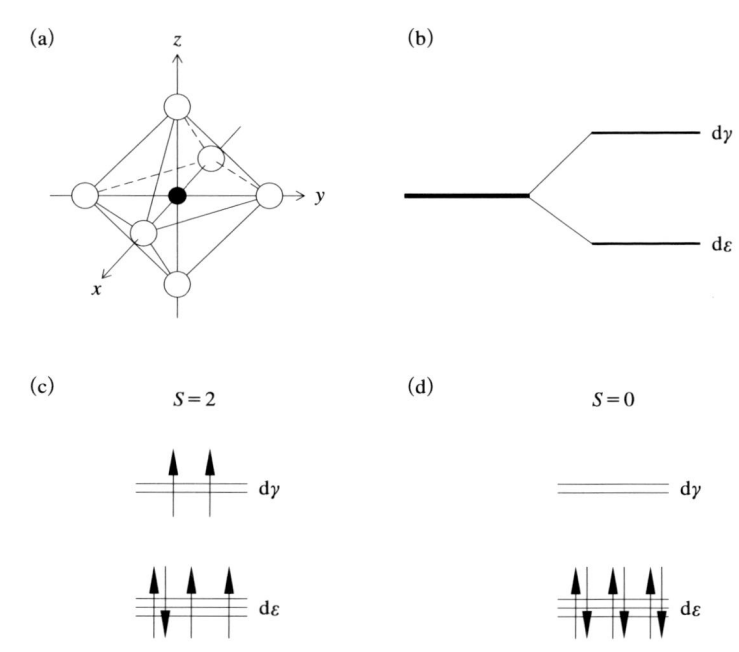

図 4.4 (a) 立方対称（8 面体）結晶配位，(b) 3d 電子の軌道準位の結晶場分裂（$d\varepsilon$ と $d\gamma$）．Fe^{2+} イオンに関する (c) 高スピン状態と (d) 低スピン状態．

スピン角運動量に起因する．

図 4.4(a) に示した立方対称結晶の 8 面体配位にある Fe^{2+} の 6 個の 3d 電子（$3d^6$）の場合，図 4.4(b) のように d_{xy}，d_{yz}，d_{zx}，（$d\varepsilon$ 軌道）と d_{z^2}，$d_{x^2-y^2}$（$d\gamma$ 軌道）に分かれる．ここで，電子間の交換相互作用エネルギーを E_{ex}，$d\varepsilon$ と $d\gamma$ の結晶場分裂幅（エネルギー差）を Δ とする．$|E_{ex}| > \Delta$ であれば 5 個の電子はスピンの向きを揃えて $d\varepsilon$ 軌道から $d\gamma$ 軌道へ詰まっていき，6 個目の電子は，逆向きスピンで $d\varepsilon$ 軌道に入る（高スピン状態 high spin state：図 4.4(c)）．一方，$|E_{ex}| < \Delta$ のとき 6 個の反平行スピンの電子が $d\varepsilon$ 軌道に入る（低スピン状態 low spin state：図 4.4(d)）．

このように，結晶場は，分子や固体の対称性，結晶構造を反映し，後述の

(a)

(b)

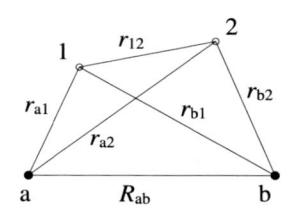

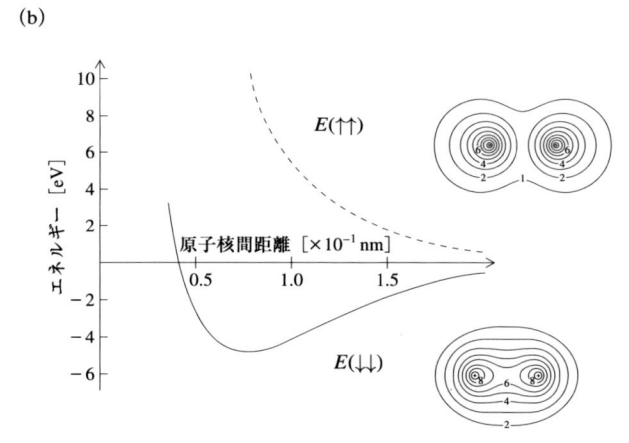

図 4.5 (a) 水素分子における電子と原子核の相関距離 r, 原子核間距離 R の定義（添字 a, b は原子核, 1, 2 は電子の位置を表し, その対はそれらの間の距離を意味する）. (b) 結合状態および反結合状態のエネルギー固有値 $E(\uparrow\downarrow)$ および $E(\uparrow\uparrow)$ の原子間距離依存性と電子分布の等高線.

結晶磁気異方性[1])の原因となる．なお，4f 電子は，3d 電子に比べ，より原子核の近くに存在しており，結晶場の影響が外側の 5d, 6s 電子により遮へいされ，軌道角運動量は凍結されない．

---

[1]) 磁気モーメントが特定の結晶方向に向く性質.

(b) 化学結合と交換相互作用

2つの水素原子が互いに近づき水素分子を形成する過程で双方の電子の波動関数が重なっていく．そして，図4.5(a)に示すように2個の電子1，2と2個の陽子a，bとの間に4組の相互作用が働く．図4.5(b)に示すように，2個の電子は，パウリの排他原理に従い，3重項状態 ($S = 1$, $M_S = 1, 0, -1$)：$E(\uparrow\uparrow)$ と1重項状態 ($S = 0$, $M_S = 0$)：$E(\uparrow\downarrow)$ を形成する．両者のエネルギーの原子核間距離依存性をみると，独立した2個の水素原子の1s電子準位はそれより低いエネルギーの結合状態（スピンが反平行の $E(\uparrow\downarrow)$）と，高いエネルギーの反結合状態（スピンが平行の $E(\uparrow\uparrow)$）に分裂する．両者のエネルギー差は，2つのスピン s_1, s_2 をベクトルと見なし，その内積を用いると，

$$E = -J_{\mathrm{ex}}[\frac{1}{2} + 2s_1 \cdot s_2] \tag{4.7}$$

と表すことができる（第2項を**交換相互作用** exchange interaction と呼ぶ）．J_{ex} は「交換積分」と呼ばれ，量子力学的な相互作用である（古典力学では現れない）．水素分子の場合，$J_{\mathrm{ex}} < 0$ で1重項状態が安定となるので，負電荷を有する2個の電子は，スピンが互いに反平行になり，正電荷を有する2個の原子核の中間領域で存在確率を高め（両方のポテンシャルを感じて），より安定になる．

(c) 局在電子系の磁性

(4.7)式を一般化すると，原子 i と原子 j の波動関数が重なり，それらのスピン（ベクトル）S_i, S_j の間に交換相互作用エネルギー，

$$E_{\mathrm{ex}} = -J_{\mathrm{ex}} S_i \cdot S_j \tag{4.8}$$

が働くことになる（**ポテンシャル交換** potential exchange）．$J_{\mathrm{ex}} > 0$ のとき，S_i と S_j が平行になる（強磁性的に揃う）ほうがエネルギー的に低くなる（磁気モーメント間に交換相互作用が働く）．逆に，$J_{\mathrm{ex}} < 0$ のとき，S_i と S_j が反平行になる（反強磁性的に揃う）ほうがエネルギー的に低くなる．見方を変えると，ある原子磁気モーメントに，周囲の原子磁気モーメントの作る**有効磁場** (effective field) が働き，外磁場が無くても互いに有効磁場に

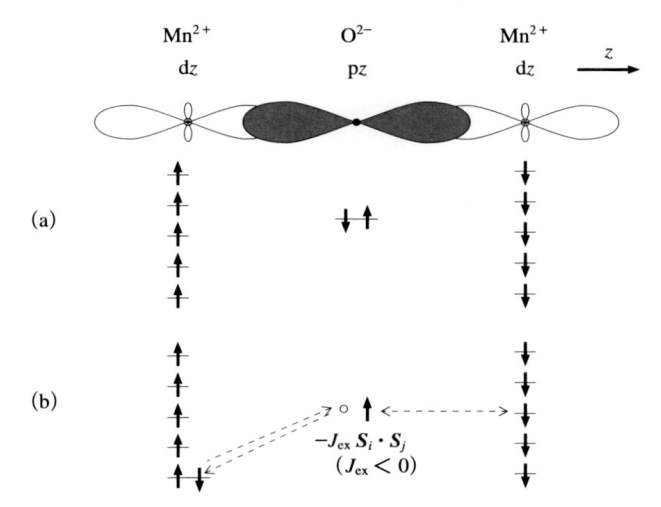

図 4.6 遷移金属酸化物 MnO における超交換相互作用の概念図.
(a) 基底状態（非磁性），(b) 励起状態（反強磁性）.

より配列することになる．

一方，反強磁性を示す MnO の場合，Mn^{2+} の間に O^{2-} が存在するので，Mn^{2+} の 3d 電子波動関数は直接重ならず，閉殻構造の O^{2-} もスピンを持たない．しかし，図 4.6(a) のように，O^{2-} と Mn^{2+} の間の共有結合性を考慮すると O^{2-} の 2p 電子（↓スピン）は左側の Mn^{2+} サイトに飛び移ることができる（図 4.6(b)）．電子移動の後，O^{1-} に残った↑スピンが，右側の Mn^{2+} のスピンと直接交換相互作用 ($J_{ex} < 0$) により反強磁性的に結合する．その結果，右側の Mn^{2+} は↓スピンとなり，左側の Mn^{1+} の↑スピンと反強磁性的に配列する（超交換相互作用 superexchange interaction：運動量交換 kinetic exchange の一種）．また，希土類金属・化合物の場合，原子間に広がる伝導電子と局在 4f 電子のスピン間に交換相互作用が働き，4f 電子のスピンどうしが間接的に結合（RKKY 相互作用）して，磁気秩序状態が実現する．

(d) 電子のバンド形成 [5-7]

　原子どうしが近づくと，原子に局在し縮退していた電子のエネルギー準位が結晶場分裂すると同時に，原子の波動関数が互いに重なって**結合状態 (bonding state)** および**反結合状態 (antibonding state)** を形成する．図 4.7(a) に Cu 金属の例を示すが，隣接する原子数が増えるほど電子のエネルギー準位が密集する（見かけ上連続的なエネルギー準位のように振る舞う）．このような固体中に広がる電子を遍歴電子，エネルギー準位が広がった状態を**エネルギーバンド (energy band)** と呼ぶ．そして，電子が占めている最大エネルギー準位を**フェルミ準位 (Fermi level)** E_F と呼ぶ．

　図 4.7(a) の縦方向に引いた破線の横軸の位置（平均原子間距離）において，4s 電子の重なりは強く，バンド幅は広い．一方，3d 電子は 4s 電子に比べて原子の内側に存在確率が高く，この位置での重なりが弱いので，バンド幅は狭い．4s 電子バンドの最低エネルギーを基準として，各エネルギー状態の電子の存在確率（**状態密度 density of state**：$D(E)$）を示すと図 4.7(b) となる．4s 状態 ($l=0$) と 3d 状態 ($l=2$) では収容できる電子数 $2(2l+1)$ が 2 と 10 と大きく異なるので，3d 電子の状態密度は 4s に比べてはるかに高い．

(e) バンド電子の磁性

　図 4.8 には，複雑なエネルギーバンド構造を単純化し，↑スピンと↓スピンのバンドを区別して描いた．電子間の相互作用が無視できるとき，図 4.8(a) のように↑スピンと↓スピンのバンドが同数占有される（**常磁性状態 paramagnetic state**）．外部磁場を印加するかスピン間に強磁性的な相互作用（有効磁場）が働くと，磁場方向の磁気モーメントに対応した↓スピンバンドの占有数が増えたほうがエネルギー的に得をする（スピン分極）．スピン分極するには，図 4.8(b) のように，フェルミ準位より上の空席を占めるしかないので，運動エネルギーの損が生じる．その結果，図 4.8(c) のように，エネルギー利得が釣り合うようにバンドが分裂する[1]．こうして，両方のバンドの電子占有数の差し引き分の磁気モーメントが発生する．Ni 金

---

[1] フェルミ準位は，化学ポテンシャルに相当するので，↑と↓スピンバンドで一致する．

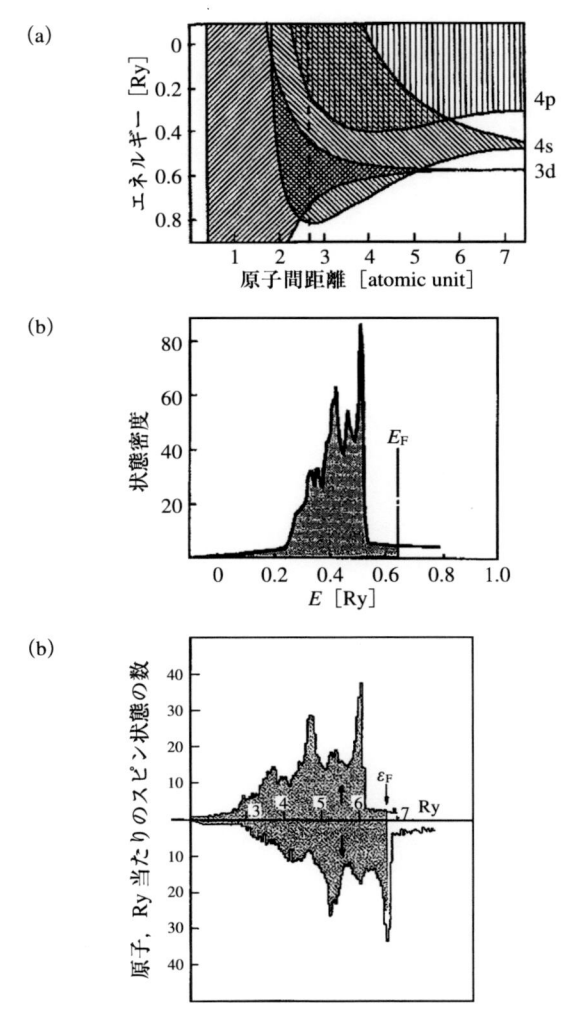

図 4.7 (a) 金属 Cu 中の原点の Cu 原子と隣接する Cu 原子の原子間距離に対する電子のエネルギー準位の重なり（バンド形成）[5]. (b) 金属 Cu の平衡原子間距離（図 (a) の破線の横軸の値）の位置でのバンド電子の状態密度 $D(E)$ とフェルミ準位 E_F. 中央の高い $D(E)$ の部分は 3d 軌道成分，裾が広く低い $D(E)$ の部分は 4s 軌道成分 [6]. (c)Ni 金属の ↑↓ スピンバンドの状態密度（↑ スピンバンドに空準位が存在する）[7]. 1 Ry =13.60 eV. 原子単位（ボーア半径）：$a_B = 5.292 \times 10^{-2}$ nm. (b) および (c) の網掛けの部分に電子が詰まっている.

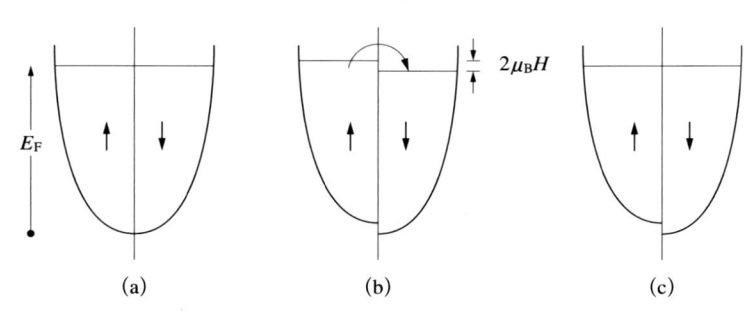

図 4.8 上向きおよび下向きスピンのバンドのエネルギー（縦軸）と状態密度（横軸）．(a) 外部磁場が存在しないとき，(b) 外部磁場による分極，(c) 分極による運動エネルギー損が解消（上向きおよび下向きスピンの電子のフェルミ面が一致）した平衡状態．強磁性体においては分子場が働き分極する（図 4.6(c) 参照）．E_F: フェルミエネルギー．

属では，3d 状態が不完全殻であり，**強磁性状態 (ferromagnetic state)** になると，図 4.7(c) のように↑スピンと↓スピンのバンドが分極する．なお，図 4.7 は，3d 電子が物質の結合と磁気的性質両方に寄与することを示している．

バンドを形成する電子のスピン間に強磁性的相互作用が働くことは，直感的に次のように理解できる．**ハイゼンベルクの不確定性原理 (Heisenberg's uncertainty principle)** により，1 次元運動する電子の位置，運動量の不確定性を Δx, Δp とすると（$\Delta x \cdot \Delta p \cong \frac{\hbar}{2}$），電子の運動エネルギーは少なくとも，

$$\frac{(\Delta p)^2}{2m} = \frac{(\hbar/2\Delta x)^2}{2m} = \frac{\hbar^2}{8m(\Delta x)^2} \tag{4.9}$$

以上の大きさを持つ．(4.9) 式より，Δx が大きくなるほど運動エネルギーが低下する．すなわち，1 つの原子に局在していた電子は空間的に広がり（隣の原子に飛び移り），安定化される．隣接する同種原子の 1 つの軌道状態間で電子が飛び移る際，パウリの排他原理により，それらのスピンは反平行でなければならないが，フントの規則と類似して，同じ位置でのクーロン反発力が強くなる．一方，平行なスピンが隣接するとき，電子は飛び移ることができないのでクーロン反発力がなく，エネルギー的に低くなる．これ

ら2つが競合し，後者が前者に勝ると強磁性が発生する．フェルミ準位より上の準位に励起される電子数は状態密度と励起エネルギーの積に比例するので，状態密度が高い3d電子は，運動エネルギーの損が少なくて済み，磁気モーメントも大きくなって，より安定になる．このようなバンド理論は，Fe，Co，Niの磁気モーメントがスピン量子数の整数倍にならないことを説明できる．また，図4.7のように，原子間距離が増す（電子の局在性が強くなる）とバンド幅が狭まり，強磁性がより安定化されることを示唆している．

(f) 最近の第一原理計算 [8,9]

これまでは，パウリの排他原理を前提に，電子間相互作用に基づき，電子スピン間の磁気的相互作用について伝統的な説明をしてきた．しかし，最近，原子・分子に関して全電子を考慮した厳密な第一原理計算がなされている．パウリの排他原理とともに力学系一般に成り立つビリアル定理 (Virial theorem)[1]を満たすよう電子相関を取り入れると，磁気的相互作用の起源が電子と原子核のクーロン相互作用にあることが指摘されている．ここに，そのエッセンスを紹介する．

原子や分子において，外側の電子は，内側の電子により原子核からのクーロン引力が遮へいされる．このとき，電子の軌道レベルごとに原子構造が異なるので，電子間相互作用を議論する際，基底状態の原子構造をすべてのレベルに適用することは正しくない．それと同時に，電子間にクーロン相互作用などの電子相関が働くと遮へい効果が弱められ，電子密度分布が原子核のほうに収縮する．そのとき，運動エネルギーならびに電子間斥力エネルギーは増加するが，原子核−電子間引力エネルギーが低下する．したがって，伝統的な説明には，以下のような修正が必要であるとのことである．

i) 4.1.2項 a) の結晶場による軌道角運動量の凍結の説明は厳密さを欠いてい

---

[1] ポテンシャルエネルギー V が座標の同次関数であるとき，系の運動がある領域に限定されていると，運動エネルギー K と V の間にビリアル定理が成り立つ（クーロン相互作用の場合 $2K + V = 0$ となる）．系の全エネルギーは $E = K + V = V/2 = -K$ となり，異なる状態ごとに差分 $\Delta V/2 = -\Delta K$ となる．したがって，厳密にポテンシャルエネルギー減少の半分だけ運動エネルギーが上昇する．

ii) 4.1.1 項 b) のフントの規則，4.1.2 項 b) の水素分子の交換相互作用，4.1.2 項 c) のポテンシャル交換および運動量交換は，いずれも原子核 − 電子間引力エネルギーが電子間斥力エネルギー損に比べて大きくなることに起因する．

iii) 4.1.2 項 e) のバンド電子の強磁性の起源は，3d 金属のように局在性が強く縮重度の高い不完全殻軌道の場合，原子核の遮蔽が不完全であり，原子核のクーロン引力が強く働くので，電子相関により交換相互作用は助長される．一方，単純金属の場合，電子相関は交換相互作用によるスピン分極の利得を相殺する．伝導電子は多数の正イオンの作るクーロン引力場の中に閉じ込められるが個々のイオンに拘束されない（局在しない）．そのため単純金属の磁性を取り扱うには伝導電子系について，より高次の摂動計算をしなければならない．

(g) 物質の磁気秩序の分類，温度変化

(4.8) 式に代表される磁気的相互作用（局在電子モデル）に基づき，物質は次のように大別される．常磁性体においては，J_{ex} は小さく，磁気モーメントの向きもランダムであり，磁化はゼロである．強磁性体では，J_{ex} の絶対値が大きく符号が正であり，図 4.9(a) のように磁気モーメントが平行に揃い，磁化 M が現れる．一方，反強磁性体では，J_{ex} の絶対値が大きく符号が負であり，図 4.9(b) のように隣接する磁気モーメントが互いに反平行に揃い，全体としての磁化は 0 となる．さらに，隣接する磁気モーメントの大きさが異なり，J_{ex} の符号も異なるときフェリ磁性体となる．逆向きの磁気モーメントがキャンセルされないので，図 4.9(c) のように，有限の磁化が発生する．これらの磁気配列状態（秩序相）は，温度が上昇し，熱エネルギーが交換相互作用エネルギーと同じかそれ以上になると安定でなくなる．すなわち，物質固有の温度（キュリー温度 Curie temperature：T_C）以上で常磁性状態（無秩序相）に相転移する．

また，常磁性状態の物質に外部磁場を印加すると，磁気モーメントは，熱ゆらぎに打ち勝って磁場方向に少し向き，わずかに磁化が発生する．磁場が

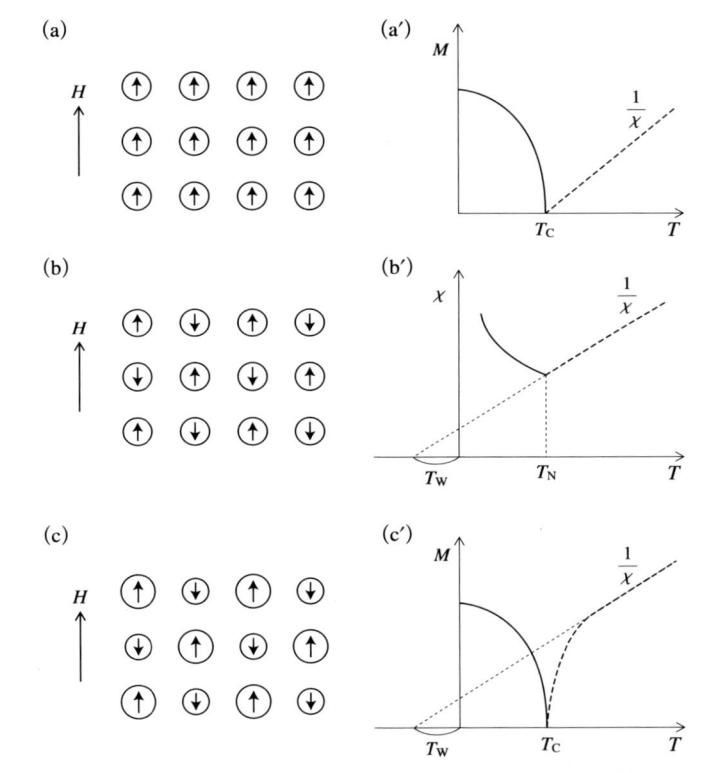

図 4.9 磁気モーメント（○で囲んだ矢印）の配列．(a) 強磁性，(b) 反強磁性，(c) フェリ磁性．磁化（M：実線），磁化率（χ：実線）および磁化率の逆数（$1/\chi$：破線）の温度変化：(a') 強磁性，(b') 反強磁性，(c') フェリ磁性．T_C：キュリー温度，T_N：ネール温度，T_W：ワイス温度．

あまり強くない範囲では，その磁化は次式で表されるように外部磁場に比例する（比例定数を磁化率 magnetic susceptibility と呼ぶ）．

$$M = \chi H \tag{4.10}$$

ここでは詳しい説明を省略するが（磁気物理学の教科書を参照），強磁性体，反強磁性体，フェリ磁性体の逆磁化率（$\frac{1}{\chi}$）の温度変化ならびに磁化の温度変化の特徴を図 4.9(a')(b')(c') に図示した．

一方，バンドモデルによれば，図 4.8(c) の磁化状態は，温度上昇に伴い，↓スピン状態がフェルミ準位より上の↑スピン状態に熱励起され，磁気分極が減少する．**反強磁性体 (antiferromagnet)** においては，正の磁気モーメントの副格子と負の磁気モーメントの副格子がそれぞれに副格子バンドを形成し，強磁性体と同様，温度とともに副格子バンドの↑と↓スピンの分極率が低下すると解釈される．なお，上記のいずれのモデルも，1 つの電子のスピン（磁気モーメント）に対して他の電子が分子磁場を形成するという平均場近似に基づいており，予測される T_C は実測値に比べて高い．現実の物質においては，磁性を担う 3d 電子が局在電子と遍歴電子の中間の状態にあり，その磁気的性質を理解するには，電子スピン相関やゆらぎを考慮する必要がある．

4.1.3 強磁性のサイズ依存性

分子より大きいマイクロクラスター，ナノ粒子の磁性について述べる前に，バルク強磁性体の磁区構造，巨視的サイズの固体を小さくしたときに顕著となる単磁区構造とその特徴を述べておく．

(a) 磁区分割

これまでの議論では，強磁性体は，強磁性交換相互作用（あるいはバンド電子の分極）により磁気モーメントが同じ向きに並んだ磁石であると考えた．このとき，図 4.10(a) に示すように，磁石表面に現れた磁極 N，S は，内部の磁気モーメントに対して逆向きの磁場（**反磁場 demagnetizing field**）を発生するので，静磁エネルギーが高くなる．そこで，図 4.10(b) のように，**磁区 (magnetic domain)** と呼ばれる小領域に分割されると，静磁エネルギーが低下する．言い換えれば，磁気双極子相互作用が働き（同極どうしが反発し，異極どうしが引き合い）エネルギーが低くなる．また，磁区内の磁気モーメントは，結晶場効果やスピン・軌道相互作用に起因する結晶磁気異方性により特定の結晶方向（**磁化容易軸 magnetically easy direction**）を向く．すなわち，磁性原子の周りの結晶場の影響が強いとき（図 4.3，図 4.4 参照），系のエネルギーは，軌道磁気モーメントの向き（波動関数の広がる

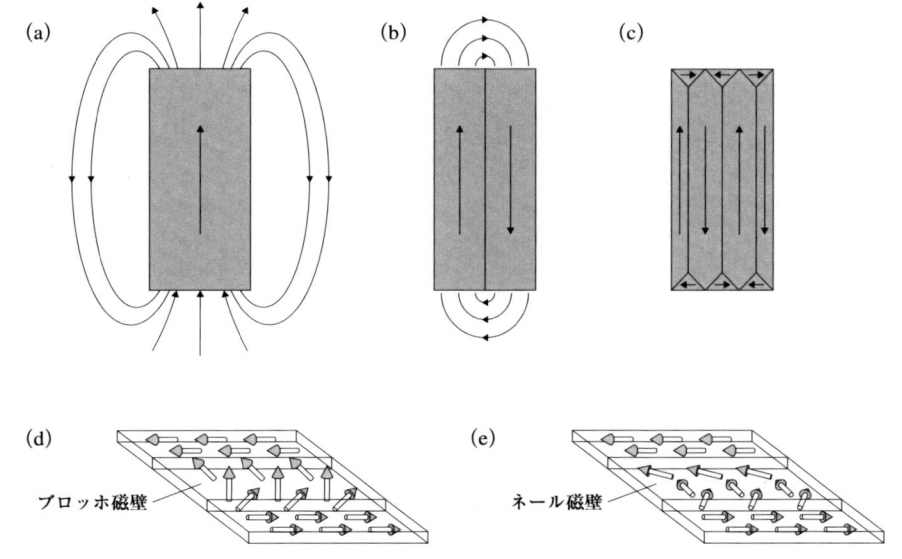

図 4.10　強磁性体の磁区分割の概念図．(a) 単一磁区状態，(b) 上下逆向きの磁区に分割された状態，(c) 左右の向きの磁区を含む閉路磁区状態．通常磁壁内の磁気モーメントの変化は，(d) バルク固体の場合ブロッホ磁壁，(e) 薄膜の場合ネール磁壁となる．

方向）により異なる．軌道とスピンが結合しているので，結果的にスピンの向き（磁気モーメントの向き）の安定性は結晶方向に依存することになる．また，立方晶系で [100] 方向が磁化容易軸のような場合，図 4.10(c) のように，閉路磁区が形成される．

　細かく磁区分割されるほど静磁エネルギーは減少するが，隣接する磁区の境界の界面エネルギーが増す（交換エネルギーの損失が著しくなる）．そのため，交換相互作用，結晶磁気異方性，巨視的な静磁相互作用がバランスしたところで磁区分割が止まる（多磁区 multiple domain）．このとき，全体の磁化は 0 になっている (消磁 demagnetization)．ただし，境界の両側で磁気モーメントの方向が突然反転すると交換相互作用エネルギーの損が極めて大きくなる．そこで，界面に対して垂直方向の広い範囲で（純鉄の場合，幅約 50 nm にわたり），図 4.10(d),(e) に示すように，隣接する磁気モーメント

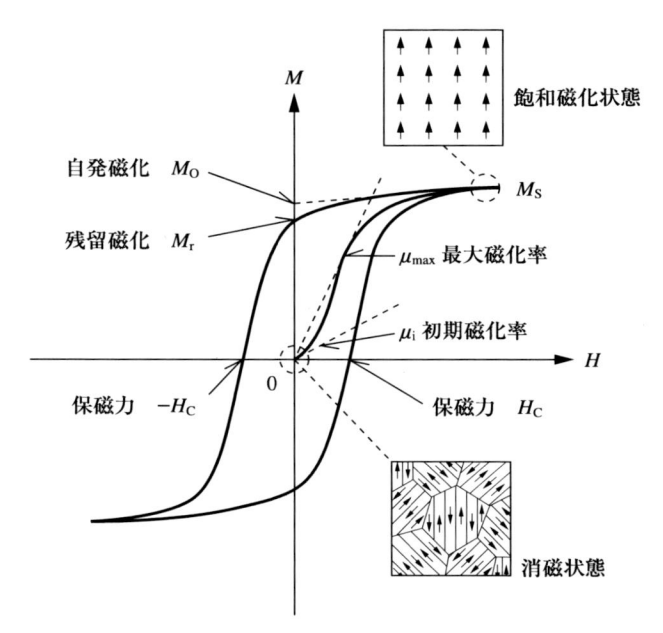

図 4.11 強磁性体の磁化 (M) の磁場 (H) 依存性（磁化曲線）．縦軸，横軸ならびに各点の定義は図中に示してある．

の方向が徐々に変化する領域（**磁壁** magneticdomain wall）を形成し，交換相互作用の損失を抑制している．

消磁状態にある強磁性体に外部磁場を印加すると，図 4.11 に示すように，磁場方向に平行な磁気モーメントを持った磁区はより安定に，反対方向の磁区は不安定となり，磁壁内の磁気モーメントが徐々に，磁場方向に回転する（見かけ上，磁壁が移動する）．さらに外部磁場が強くなると，磁区内の磁気モーメントが集団で一斉に磁場方向に回転する．こうして，磁場の増加に伴い，消磁状態から**飽和磁化** (saturation magnetization) の状態に遷移する．

(b) 単磁区粒子

強磁性体のサイズが小さくなると，磁区分割による静磁エネルギーの得よりも，磁壁のエネルギー（界面エネルギー）の損が相対的に大きくなる．特

に，試料サイズが磁壁の厚さより小さくなると，巨視的な磁気双極子相互作用は重要でなくなる．微視的な交換相互作用が粒子の磁気状態を支配し，図 4.10(a) のように**単磁区** (single domain) 状態となる．球形鉄粒子について，単磁区と 2 分割磁区のエネルギーを比較すると，およそ 10 nm 以下で単磁区状態のほうが安定になる．このとき，単磁区粒子の磁気モーメントは，結晶磁気異方性が強いときには容易磁化方向を向くが，結晶磁気異方性が弱いときには試料形状に依存し，反磁場エネルギーが小さくなる方向に揃う．すなわち，表面磁極による双極子磁場がおよそ距離の 3 乗に逆比例するので，（図 4.10(a) のように），長軸方向に向いたほうが短軸方向に向くより安定になる（**形状磁気異方性** shape magnetic anisotropy）．現実の微粒子の磁化の向きは，これらの異方性が競合した結果で決まる．

　一軸異方性 (uniaxial anisotropy) を持つ単磁区粒子（単位体積当たりの異方性エネルギー[1] K_U）に対して，磁化容易軸と角度 θ 方向に磁場 H を印加する．図 4.12(a) に示すように，磁気異方性エネルギーと (4.5) 式の磁気ポテンシャルエネルギーの総和が最小になる方向（磁場方向に対して角度 ϕ）に磁気モーメント M が回転する（図 4.12(b) 参照）．ϕ は θ の大きさに依存し，$\theta = 0$ の場合，

$$H_K = \frac{2K_U}{M_S} \tag{4.11}$$

とすると（M_S は飽和磁化），$H/H_K = 1$ を境に磁場方向の相対磁化 $\cos\phi = M/M_S$ は不連続に反転する．それに対して，$\theta = \frac{\pi}{2}$ の場合，$H/H_K < 1$ において磁気モーメントは徐々に磁場方向に回転し（磁化は直線的に変化し），$H/H_K \geq 1$ になると磁場方向を向く．

(c) 超常磁性と磁気緩和

　無磁場中にある 1 個の単磁区粒子について，磁化容易軸方向の互いに反対向きの磁気モーメントの状態は，図 4.13 のようにエネルギー的に等価であり（縮退しており），磁気異方性エネルギー，

---

[1] 特定の結晶軸や試料形状方向を向いたときのエネルギー利得で容易軸方向を向いた時が最低となる．

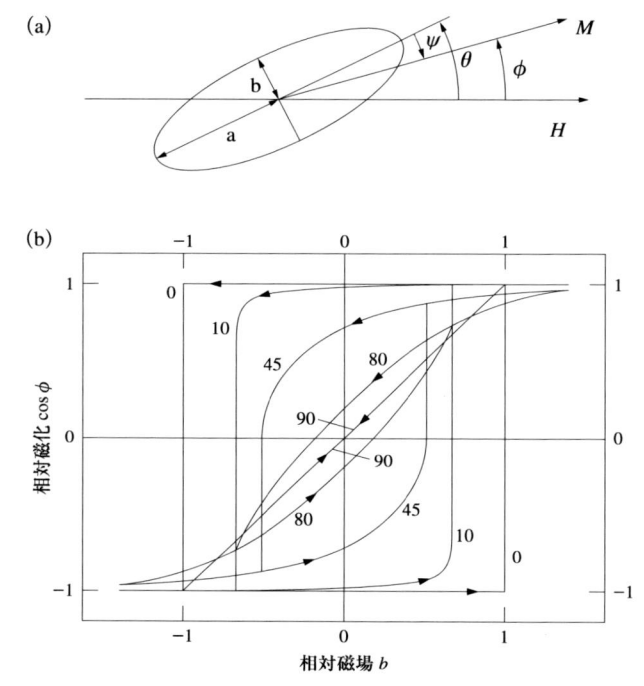

図 4.12 (a) 外部磁場中の単磁区粒子（H は外部磁場，M は磁化，a 軸は磁化容易方向，θ は a 軸と H のなす角度，ψ は a 軸と M のなす角度，ϕ は M と H のなす角度）．(b) 磁化過程（縦軸は飽和磁化 M_S で規格化した相対磁化 $\cos\phi = M/M_S$），横軸は $\theta = 0$ のときに $\cos\phi$ が 1 と -1 の間で磁化反転する磁場 H_K で規格化した外部磁場 H/H_K）．図中の数字は θ の値を表す．

$$E_a = K_U V \tag{4.12}$$

に比例する障壁で隔てられている（V は粒子の体積で，大きさ 3 nm の Fe ナノ粒子の場合 $E_a = 0.03$ eV）．V が大きいとき障壁は高く，磁気モーメントはどちらかの方向に向いたままである．V が小さくなると障壁の高さが低くなる．

熱エネルギーが大きい高温では，磁場を印加して片方のスピン状態の存在比を増しても熱活性化過程で障壁を乗り越え，磁気モーメントの向きが反転

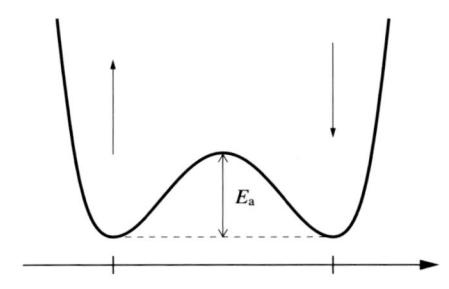

図 4.13　一軸異方性を有する強磁性体における二方向の磁気ポテンシャルエネルギーの状態とそれらを分離する障壁（異方性エネルギー：E_a）．

する．そのとき，単磁区粒子の集団の磁化は，巨大なスピンを持つ孤立原子の集団が示す常磁性と同様，次のランジュバン関数に従い変化する（**超常磁性 superparamagnetism と呼ぶ**）．

$$\frac{M(T)}{M_\mathrm{S}} = \coth\left(\frac{\mu H}{k_\mathrm{B} T}\right) - \frac{k_\mathrm{B} T}{\mu H} \tag{4.13}$$

ここで，$M(T)$ は温度 T での磁化，M_S は飽和磁化，μ は粒子の磁化，k_B はボルツマン定数，H は外部磁場である．

超常磁性体に大きさと方向が一定の磁場を印加しておき，瞬間的に磁場をゼロに（あるいは反対方向に印加）する．高温では，熱活性化過程で磁化が時間経過に伴い減少（あるいは逆方向に反転）する．このとき，磁化の磁場に対する応答に遅れ（**磁気緩和 magnetic relaxation 現象**）が生じ，次式で表されるように時間変化する．

$$\frac{M(T)}{M_\mathrm{S}} = \exp\left(-\frac{t}{\tau}\right) \tag{4.14}$$

ここで，t は磁場印加後の時間，緩和時間 τ は次式で表される．

$$\frac{\tau}{\tau_0} = \exp\left(\frac{E_\mathrm{a}}{k_\mathrm{B} T}\right) \tag{4.15}$$

なお，τ_0 は $10^5\mathrm{s}$ 程度の定数である．(4.15) 式からも明らかなように，温度低下に伴い緩和時間が長くなる．弱い磁場中で**熱磁気曲線（thermomagnetic curve：磁化あるいは磁化率の温度変化）**を測定すると，無磁場中冷

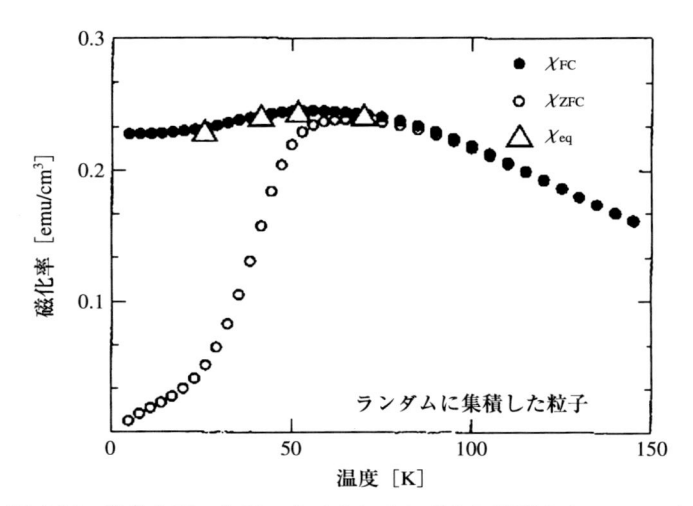

図 **4.14** 炭化水素マトリックス中にランダムに固定した ε-Fe$_3$N ナノ粒子集団の熱磁気曲線（磁化率の温度変化）[10]．χ_{ZFC}：無磁場冷却試料，χ_{FC}：磁場中冷却試料，χ_{eq}：種々の初期状態から時間緩和させて外挿した平衡値．

却と磁場中冷却した試料の熱磁気曲線が図 4.14 に示すように，ある温度 T_B（ブロッキング温度）以下で明瞭に分岐する．これは，(4.14) 式および (4.15) 式の定数 M_S および τ_0 が磁場や温度に依存することに起因する．すなわち，**無磁場冷却 (zero-field cool)** 状態では，$t = t_m$ のとき，M, χ, τ が，磁場 H，温度 T の関数として，次式のように表される [10]．

$$M(H,T) = \chi(H,T)H = M_{eq}(H,T)\left[1-\exp\left(-\frac{t_m}{\tau(H,T)}\right)\right] \quad (4.16)$$

温度低下や磁場印加により，$\tau(H,T)$ は長くなり，(4.16) 式の [ ] 内は減少するが，$M_{eq}(H,T)$ は単調増加するので，両者が拮抗した温度 T_B で $M(H,T)$ はピークをとる．T_B は磁場に対する磁化の応答を妨害する目安温度であり，ブロッキング温度と呼ばれる．一方，T_B より高温から**磁場冷却 (field cool)** した試料では，高温で磁場の向きに向けられた磁化は T_B 以下でも同じ方向を保つ．その結果，冷却条件に依存して磁化が分岐する．

さらに，強磁性粒子がナノメートルサイズになると，障壁が低くなり，縮

退した2つの向きの磁化状態がトンネル効果で重なり合う（波動性が強くなり，量子力学的ゆらぎが生じる）．そのため，熱活性化過程が働かない極低温においても磁化反転（巨視的量子トンネル効果）が起こり，τは温度に依存しなくなる．

4.2 マイクロクラスターの磁性

本節では，空間に漂う自由マイクロクラスターや希ガス固体中に埋め込まれたマイクロクラスターにみられる原子，分子の電子状態を反映した磁性，巨大分子中に形成されたマイクロクラスターにおける著しい量子力学的緩和現象を紹介する．また，固体内のサイズの揃った空隙に閉じ込められたマイクロクラスターにおいて，電子状態が大きく変化し強磁性体となる例や磁気的性質のサイズ依存性が強調される例を述べる．

4.2.1 自由マイクロクラスター [11,12]

自由マイクロクラスターの磁性は，補足事項(a)に示した図（後述の図4.26）のように，レーザー蒸発法，シュテルンゲルラッハ法，**質量分析法**(mass spectroscopy)を組み合わせて測定される．後段の質量分析用イオン化レーザーの照射位置を固定した場合のFe原子ならびに分子のイオン信号の磁場勾配による変化を図4.15(a)に示す [13]．

この実験では，主に**断熱膨張**(adiabatic expansion)により温度が著しく低下し，孤立した原子から分子やマイクロクラスターが形成される．高い希ガス雰囲気の気化室でレーザー蒸発により発生した原子が希ガス流とともにノズルを介して高真空室に導かれる．ノズル通過前にブラウン運動していた個々の希ガスの運動量やエネルギーが，ノズル通過後に希ガス系全体の重心運動と希ガス間の相対運動の運動量やエネルギーに分配される．重心運動のエネルギーが圧倒的に大きいとき，相対運動のエネルギー（希ガス原子やマイクロクラスターの見かけの運動エネルギー）が小さくなる[1]．得られたFeマイクロクラスターの磁気モーメントは，Fe_2について$6.5\mu_B$,

---

[1] この図の場合，温度に換算すると20Kとなる．

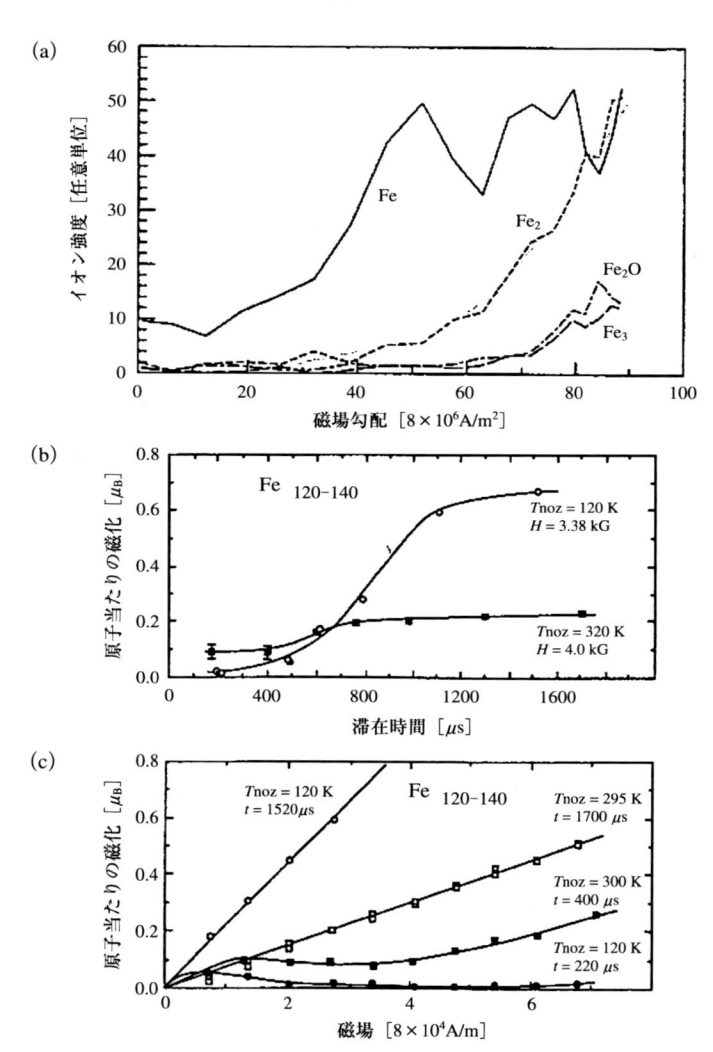

図 **4.15** (a)Fe 原子・分子（Fe, Fe$_2$, Fe$_2$O, Fe$_3$）イオンのシュテルン・ゲルラッハの実験結果．縦軸はイオン強度（ヘリウムキャリアガス中．中心軸から約 1.6 mm ずれた軸上での強度），横軸は磁場勾配 [13]．Fe マイクロクラスター（原子数 120-140 個）の原子磁気モーメント（縦軸）の (b) 気化室滞在時間（t_{dw}：横軸）依存性と (c) 外部磁場（横軸）依存性．T_{noz} はノズル温度 [14]．

4.2 マイクロクラスターの磁性

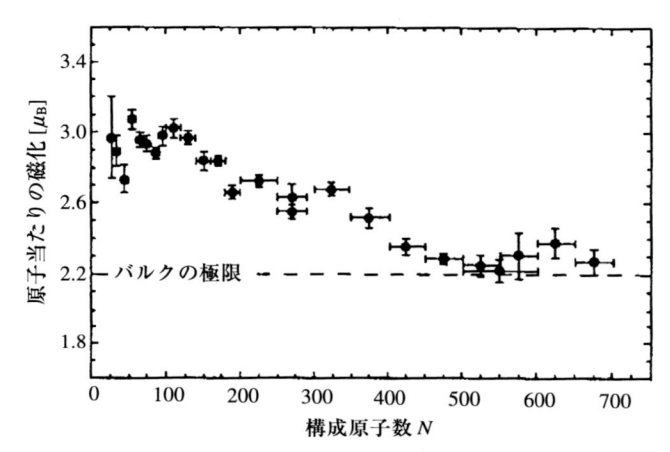

図 4.16 Fe_N マイクロクラスターの原子磁気モーメント（縦軸）のサイズ依存性（構成原子数 N：横軸）[14]. マイクロクラスターの温度 $T = 120$ K.

Fe_3 について $8.1\mu_B$, Fe_2O について $6.5\mu_B$ であり, Fe 原子当たりの磁気モーメントは固体金属鉄の場合の $2.2\mu_B$ よりも大きい. これは, Fe 原子がマイクロクラスター状態で $3d_\downarrow^5 3d_\uparrow^2 4s^1$ の電子配置をとり, およそ $3\mu_B$ のスピン磁気モーメントを持つことを意味している.

レーザー蒸発法で発生したマイクロクラスターの温度は, レーザー強度ならびに, マイクロクラスターの気化室滞在時間 (dwelling time) t_{dw}, ノズル温度 T_{noz} に依存する. 断熱膨張度はノズル通過前後の希ガス圧力差 ΔP に, ΔP は t_{dw} に依存する. すなわち, 試料温度は t_{dw} が短くなるほど低下し, t_{dw} が長くなるほど T_{noz} に近づく [14]. したがって, (4.14) 式, (4.16) 式より, t_{dw} が長いときには, 試料温度が上昇し緩和時間 τ が短い熱緩和過程となる. 実際, 図 4.15(b)（磁化の t_{dw} 依存性）において t_{dw} が長いときに T_{noz} が高いほど磁化は小さくなる. また, 図 4.15(c)（磁化曲線）において同じ T_{noz} でも t_{dw} が長いほうが磁化は磁場に対して直線的に増加している. これらは超常磁性の特徴である. それに対して, t_{dw} が短くなると T_{noz} が高いほうが磁化は大きくなり, T_{noz} が低くなると磁場による磁化の増加や飽和が抑制される. このような異常な挙動は, マイクロクラスターのスピン角運

動量モーメントとマイクロクラスターの回転に伴う角運動量モーメントが共鳴的に結合して[1]，磁場の影響が抑制されることを示唆している．

図 4.16 は，Fe_N マイクロクラスターの原子当たりの磁気モーメントにおける構成原子数 N 依存性を示している（マイクロクラスターの温度は 120 K）．N が大きくなるに従い，わずかに振動しながら減少し，$N \cong 500$ を超えると，バルク固体の値に近づいている [15]．同様の特徴は，Co_N や Ni_N においても観測されているが，N が小さい領域では Fe の場合に比べて急激に減少する．原子・分子からマイクロクラスターへ成長するに伴い，原子位置に局在していた電子の波動関数が隣接する原子間に広がり，磁気モーメントの値もバルク固体に漸近すること，局在性が強く大きな磁気モーメントを有する表面原子の存在比が減少することに対応している．

磁気モーメントの減少と重畳するわずかな振動は，N の増加に伴う幾何学構造の変化に起因する可能性がある．しかし，**密度汎関数法**[2](density functional method) によれば，遷移金属の 4s 電子も 1.5.3 項および 1.5.4 項で述べたポテンシャル（**殻模型 shell model**）における 1p,1d,… 準位を埋めていく（貴金属原子と同様，閉殻構造の**マジック数 (magic number)** も存在する）．マイクロクラスターサイズの増加に伴い 1p，1d 準位の間隔が狭くなり，不完全 3d 電子バンドと 1p，1d 準位が交差すると，フェルミ準位以下の 3d バンドの↑と↓スピンの占有状態が変化し，磁気モーメントの値が振動すると推測される [12]．

また，サイズが小さくなると電子の局在性が強まりバンド幅が狭くなるので，4.1.2 項 e) で述べたように，強磁性が発現しやすくなる．たとえば，Rh の 4d 電子バンドのフェルミ準位における状態密度はかなり高いが，交換相互作用が弱いのでバルク固体は常磁性体である．それに対して，構成原子数 12〜32 個の自由マイクロクラスターにおいては，フェルミ準位での状態密度がさらに高くなり，低温 (90 K) で 0.3〜1.1μ_B の磁気モーメントを持つようになる [16]．

---

[1] スピンの磁場の周りの歳差運動の周波数とマイクロクラスターの回転周波数が同期する．
[2] 相互作用する多電子系の基底状態を，系を構成する 1 粒子の密度分布から求める第一原理計算．

磁気モーメントを直接観測する研究以外に，以下のような，間接的なマイクロクラスターの磁性に関する研究も盛んである．

(1) 質量分析の手法で選別した特定の原子数のマイクロクラスターについて，レーザー電子離脱や光電子分光の手法を用いて電子状態を測定し，スピン状態を考慮した分子軌道計算と照合して，遷移金属マイクロクラスターの磁気状態を推定する研究 [17]．
(2) 質量分析法による一定サイズのマジック数 (magic number) の原子数から成るマイクロクラスターの測定結果と全電子分子軌道計算による構造・電子状態の最適化を組み合わせた磁気状態の研究 [18]．

原子数が10個程度のマイクロクラスターは球対称からずれた構造となり，原子間の磁気的相互作用も一様でなくなり，磁気モーメントの方向が揃わないことも指摘されている [12]．

4.2.2 固体内包マイクロクラスター

(a) 希ガス原子固体中のマイクロクラスター [19,20]

Ar，Xe など閉殻電子構造を有する希ガス原子は不活性であり，低温において，ファン・デル・ワールス相互作用 (Van der Waal's interaction) で凝集した固体となる（Ar の場合 84 K 以下）．金属原子と希ガス原子との化学反応性は極めて低く，希ガス原子固体中に埋め込まれた遷移金属の原子やマイクロクラスターの電子状態は周囲の影響をあまり受けないと推測される．たとえば，高濃度の Ar 雰囲気中で Fe 金属を加熱蒸発させ，蒸発源と同じ室内に設置された低温 (4.2 K) の Be 基板上に Ar 原子と Fe 原子を同時に凝縮させる．Ar ガスの流量と蒸発源の温度を調節し，Ar 固体中の Fe 濃度を増すと，Fe の1原子，2原子分子，…マイクロクラスターが形成される（3.4.2項参照）．Fe 濃度の低い試料の無磁場中のメスバウアースペクトル (Mössbauer spectrum)[1]は，図 4.17(a) に示すように，Fe 原子に起因する1本の吸収線（シングレット singlet），Fe_2 分子に起因する2本の吸

---

[1] この原理は，後述の補足事項および図 4.27 参照．

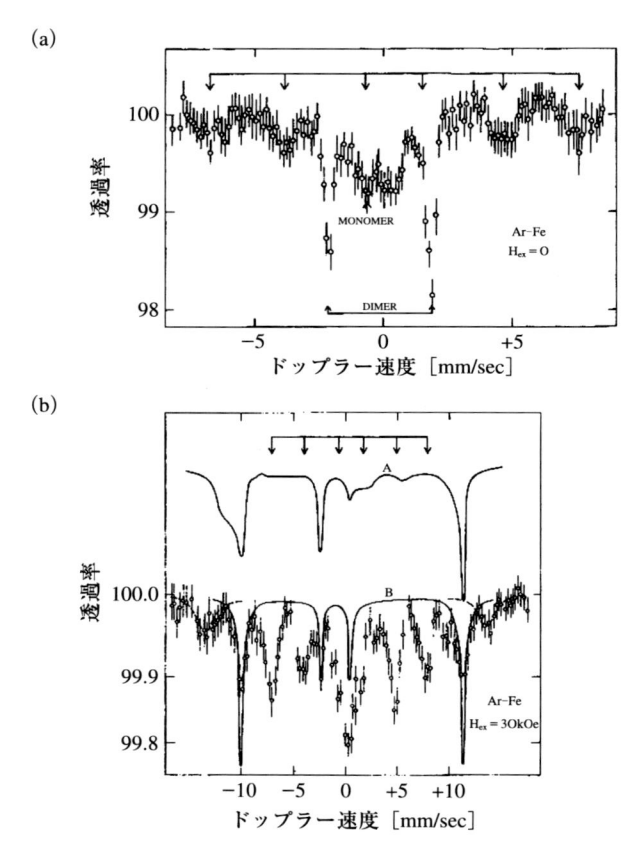

図 4.17 Ar 固体中に Fe 原子を濃度 2%埋め込んだ試料の 4.2 K におけるメスバウアースペクトル（縦軸は吸収率，横軸はドップラー速度）[19]．(a) 無磁場中のスペクトル．Monomer は原子状，dimer は Fe_2 分子のスペクトル位置．(b) 外部磁場 3T 中のスペクトル；γ 線入射方向に対する内部磁場方向 (θ) がランダムとした計算スペクトルが曲線 A，$\theta = 90°$ とした計算スペクトルが曲線 B．図中に示した 6 本の下向きの矢印の組は内部磁場分裂，2 本の上向きの矢印は電気 4 重極分裂による吸収線の位置を示す．

収線（ダブレット doublet），FeO 分子に起因する内部磁場 (hyperfine field) $H_{hf} = 35 \times 10^8$ A/m(440 kOe) の 6 本の吸収線（セクステット sextet）および Fe マイクロクラスターに起因する幅広いシングレットの成分に分解される．

4.1.1 項で述べたように，Fe 原子は磁気モーメントを有しているはずであるが，その熱ゆらぎが激しいので平均化されて $H_{hf} = 0$ A/m となる．しかし，γ 線に平行方向に 2.4×10^8 A/m (30 kOe) の外部磁場を印加すると，図 4.17(b) のように，$H_{hf} = 66 \times 10^8$ A/m (830 kOe) のセクステット（Fe 原子），$H_{hf} = 53 \times 10^8$ A/m (660 kOe) のセクステット（Fe_2 分子）および $H_{hf} = 37 \times 10^8$ A/m (470 kOe) のセクステット（FeO 分子）に分かれ，いずれも純鉄の $H_{hf} = 27 \times 10^8$ A/m (340 kOe) と比べて大きくなる．Fe 原子においては，3d 電子の基底状態 $3d_\downarrow^5 3d_\uparrow^1 4s^2$ のスピン磁気モーメントに加えて，弱い結晶場により凍結解除された軌道磁気モーメントが内部磁場に寄与していると推測される．また，Fe_2 の全電子分子軌道計算によれば，Fe 原子の電子状態は $3d_\downarrow^5 3d_\uparrow^{1.61} 4s^{1.21} 4p^{0.12}$ であり，自由マイクロクラスターと同様，バルク固体よりも大きい磁気モーメントを有することが理解される．

(b) 巨大分子中のマイクロクラスター [21-26]

有機金属錯体を原料とする化学反応プロセスにより巨大分子の結晶が合成されるに伴い，巨大分子に内包された遷移金属マイクロクラスターの磁性の研究が盛んである．その例として，図 4.18(a) の挿入図の Mn_{12} マイクロクラスターに注目する．フントの規則に従って，中心に位置する 4 個の Mn^{4+} は互いに揃って $S = 3/2$，外側の 8 個の Mn^{3+} も互いに揃って $S = 2$ となる [22]．4 価と 3 価の Mn イオンの間には O 原子を介して間接交換相互作用が働き，互いに反平行に揃うので，マイクロクラスター当たり $S = 10$ となる．また，マイクロクラスター間には，ほとんど磁気的相互作用が働かないので（相互作用の強さは温度に換算して 0.05 K 以下），$20\mu_B$ の大きさの磁気モーメントを有する Mn_{12} マイクロクラスターとして振る舞う．

このマイクロクラスターを含む巨大分子は正方晶に配列し，c 軸方向に磁気異方性が存在し，(4.14)式，(4.15)式を用いて緩和時間を見積もると，$T = 2$K で $\tau \cong 2$ ヶ月となる．そのため，静的な磁化測定では（図 4.14 と同様），磁場中冷却した試料と無磁場中冷却の試料の磁化の温度変化は，$T_B = 3$ K 以下で明瞭に分岐する．しかし，T_B では比熱の異常は観測されず，T_B は磁気転移温度に相当しない．単結晶あるいはパラフィンなどで容易磁化方

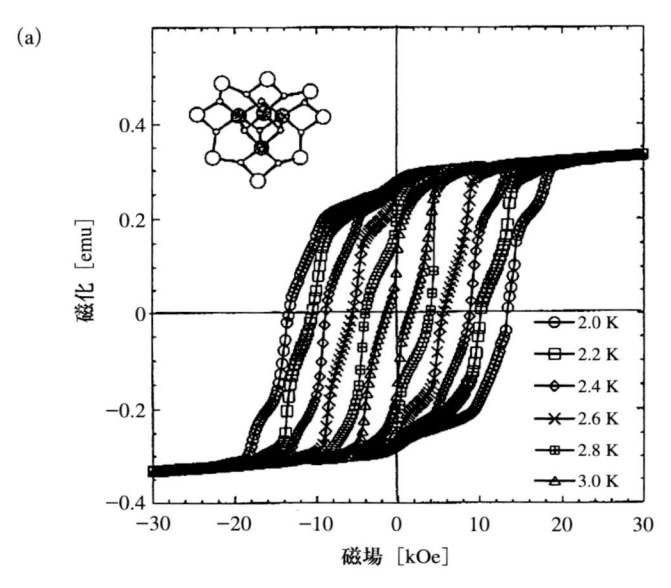

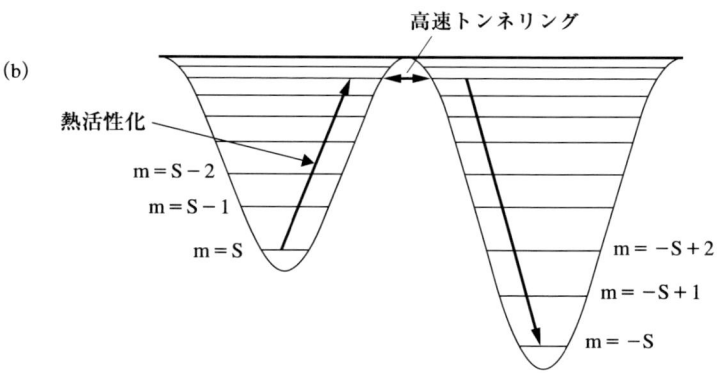

図 4.18 (a) Mn$_{12}$ マイクロクラスターの極低温 (2 − 3 K) における磁気ヒステリシス曲線 [25]．上の挿入図は巨大分子中の Mn$_{12}$ マイクロクラスターの骨格構造．大きい白丸は Mn 原子，小さい白丸はそれらを架橋している O 原子（見通しを良くするため，この中に配位しているアセテート錯体や水は省略）．(b) Mn$_{12}$ マイクロクラスターの熱励起支援共鳴トンネル磁気緩和過程のモデル図（共鳴に際して，左側の準安定井戸の準位がエネルギー障壁近くの準位に熱励起されてから，右側の井戸の準位にトンネルし，より安定な準位に達する）．

向に揃えた粉末試料に磁場を印加すると,図4.18(a)に示すように,磁化は単磁区粒子のように飽和する.ただし,詳細に見ると,磁場増加により磁化が反転していく際,一定間隔で階段状に磁化が増加している[25].温度低下に伴い,新しいステップが現れるとともに,それより高温側で出現したステップが明瞭になる.

これらの強い磁気異方性の特徴は,Mn_{12}マイクロクラスター内のスピン・軌道相互作用を2次摂動まで考慮した次の有効ハミルトニアン (effective Hamiltonian) で記述できる[23].

$$H = -DS_z^2 - g\mu_B \mathbf{S} \cdot \mathbf{H} \tag{4.17}$$

ここで,第1項はz軸方向の1軸異方性エネルギー,第2項はゼーマンエネルギーである.磁場が印加されると,図4.18(b)に示すように,2重縮退していた↑,↓スピンの状態$|S, \pm m_s\rangle$に差異ができる.↑スピン状態$|S, m_s\rangle$と↓スピン状態$|S, -m_s + n_s\rangle$が一致したとき,両者の間で共鳴トンネリングする.また,温度上昇すると,↑スピンの基底状態$|S, S\rangle$から$|S, m_s\rangle$へ熱励起され,共鳴トンネリングを経て↓スピンの基底状態$|S, -S\rangle$に遷移する熱緩和と量子緩和の混合過程が生じる.共鳴が生じる磁場は,(4.17)式より,

$$H_{m_s, -m_s + n_s} = -\frac{Dns}{g\mu_B} \tag{4.18}$$

となり,m_sに依存せず,一定の磁場間隔で上向きスピンのすべての状態が同じ下向きスピンの状態へ共鳴トンネリングする.このように,バルク物質のサイズを小さくしたときに観測される磁化のトンネル型緩和 (tunneling type relaxation) 過程が,マイクロクラスターにおいて一層強調されて観測されている.

(c) ゼオライトケージ内包マイクロクラスター [27-29]

多孔質結晶のゼオライトでは,ナノレベルでサイズの揃った空隙を与えるケージ (cage) が規則正しく配列しており,吸着剤,イオン交換剤,触媒などに利用されている.アルミノ珪酸塩ゼオライト(化学式:$M_{m/r}Al_mSi_nO_{2(m+n)}$

では，$Al_mSi_nO_{2(m+n)}$ の骨格は Al の数 m だけ負に帯電し，電荷補償のため，価数 r の陽イオン M を，骨格構造の隙間に m/r 個含んでいる．ゼオライト結晶には多くの種類があり，その一種，A 型 (LTA) ゼオライト（図 4.19(a) 参照）では，β ケージの間に形成される α ケージ（内径 1.1 nm）が 8 員環を共有して単純立方構造で配列している．このようなゼオライト結晶の配列したナノ空間を用いると，新しいナノ構造物質を作製することができる．

陽イオンが K($r = 1$) の A 型ゼオライト（α ケージ当たり $K_{12}Al_{12}Si_{12}O_{48}$）を十分脱水し，K 金属とともに封入して一緒に加熱すると，α ケージに K 原子が入り，その最外殻電子の 4s 電子は複数の K イオンに共有される．吸蔵した K 原子数を α ケージ当たり n とすると，化学式は $K_{12+n}Al_{12}Si_{12}O_{48}$ となる．この s 電子は α ケージ内に近似的に形成される球形井戸型ポテンシャルに閉じ込められ，その 1s, 1p 準位を順に占有する．ケージ内に形成された K マイクロクラスターは s 電子系であるにもかかわらず，電子相関（電子間のクーロン力による効果）が強く働いてモット絶縁体 (Mott-insulator) となる．内包電子数 n が 2 個以上になり 1p 準位に s 電子が入ると，磁性元素を全く含まないにもかかわらず，低温（キュリー温度 T_C）で磁気相転移が起こり，T_C 以下で自発磁化を発生する [27-30]．

一方，磁化率の温度依存性にはキュリー・ワイス則が観測され，そのワイス温度 T_W は大きな負の値を示す（図 4.9 参照）．すなわち，K マイクロクラスターの局在磁気モーメント間に強い反強磁性相互作用が存在することを示している．図 4.19(b) に T_C と T_W の n 依存性を示す．通常，軌道縮退した準位に電子が詰まり始めると（1.5.3 項参照），対称性が低下して結晶場分裂し，電子は低エネルギー準位を占める（ヤーン・テラー効果 Jahn-Teller effect）．しかし，K マイクロクラスターの 1p 準位の場合は，その分裂幅よりスピン軌道相互作用エネルギーが大きく，軌道縮退した状態が安定になる．詳しい研究によれば，超格子構造による反転対称性の消失と大きなスピン軌道相互作用によって，磁気モーメント間にはスピンの入れ替えに対して符号が反転する反対称交換相互作用が働いて磁気モーメントは互いに大きく傾き（反平行でなくなり），自発磁化が発生すると理解されている [28]．

ついでながら，揮発性の高い，沸点 400 K の鉄ペンタカルボニル $Fe(CO)_5$

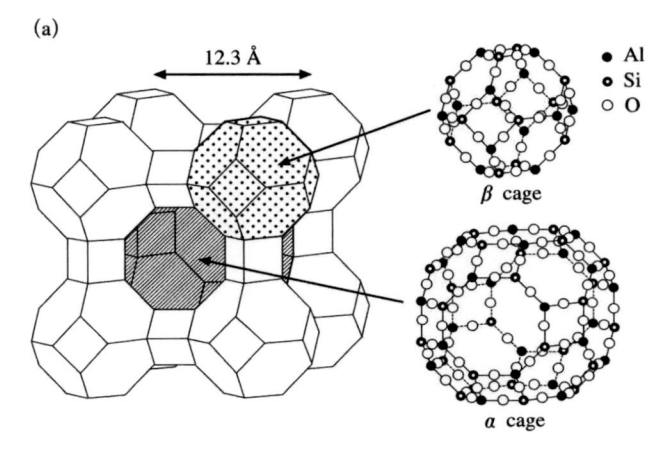

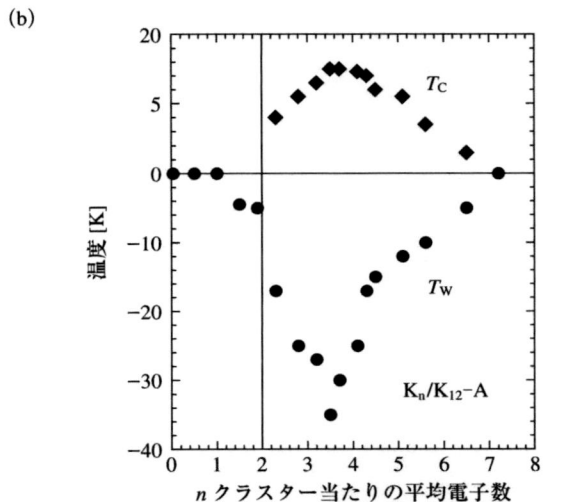

図 4.19 (a) ゼオライト LTA の結晶構造. α, β の 2 種類のケージから構成され，両方のケージはそれぞれ単純立方格子を組む．ケージ内部の空隙にアルカリ原子のマイクロクラスターが内包される．右の図で白丸は酸素，黒丸は Si を表す．(b) ゼオライトケージ内包 K マイクロクラスターの常磁性キュリー温度とワイス温度 [28].
[画像提供：野末泰夫 大阪大学教授]

を熱分解し，Na-X 型や NaY 型 (FAU) ゼオライトのケージに吸収させて 1-4 nm の Fe マイクロクラスターを内包させた例に触れておく．吸蔵量が少ない場合には，各マイクロクラスターが独立に分散し，室温では 4.1.3 項 c) で述べたような超常磁性的な特徴を示す [30-32]．温度が低下して熱ゆらぎが抑制されると，大きな内部磁場を有する Fe 原子が現れる．また，吸蔵量が増加して急速に熱分解されると，マイクロクラスターどうしが連結する．そして，格子欠陥のあるケージ内に成長した Fe マイクロクラスターは，強磁性的な特徴を示すようになる．平均サイズ 1.3 nm のとき，原子当たりの磁気モーメントが $3.12\mu_B$ となり，自由マイクロクラスターの場合と同様，表面・界面に位置する Fe 原子の 3d 電子の局在性により磁気モーメントが増強されている．

コラム

ナノ粒子，薄膜，固体表面の磁性の今昔

「物質サイズの減少とともに構造や性質がどのように変化するか」というテーマは，有史以来，人々の興味を引いて来た．局在電子（ハイゼンベルク）モデルでは，1次元や2次元スピン系において強磁性状態が実現しないことが理論的に予測されていた [33]．微粒子や薄膜の磁気測定の結果も，サイズや膜厚が 10 nm 以下になると自発磁化やキュリー温度が減少・低下し，1 nm 以下で消失すると報告されてきた．

初期段階では真空度が良くない装置やメッキ手法が用いられたため，薄膜の酸化や不純物混入の影響が無視できなかった．超高真空中で作製した薄膜について磁性の追試験がなされ，Ni-Fe 合金薄膜や Co 薄膜では類似の結果が得られたが，Ni や Fe 薄膜では膜厚が約 1 nm 程度までバルク固体と比べてほとんど変化しないようである [34,35]．

本文中で説明したように，ナノ粒子においては，構成原子数 500 以下になると原子当たりの磁気モーメントが増加している．サイズが減少すると，電子の局在性が強くなり，遍歴電子のバンド幅も狭くなることに起因している．膜厚減少に伴うキュリー温度の低下は，磁気的相互作用が隣接原子の数（配位数）の減少により減衰していくこと，薄膜が不連続な島状になりナノ粒子と同様に超常磁性を示す（熱ゆらぎが増強される）ことに起因しているというのが，これまでの流れである．

一方，最近では，4.5 節 d) で述べた SQUID が普及し，薄膜の磁化が超高感度で測定できる．それに伴い，遷移金属元素を含まない多くの金属酸化物や化合物半導体の薄膜や Au ナノ粒子が強磁性を示すことが報告されている [36-42]．多くの場合，強磁性元素不純物が主因でないことが確かめられており，キュリー温度も室温以上である．薄膜や微粒子表面に形成された酸化物の酸素原子サイトの原子空孔や転位，表面・界面における原子配列の乱れに起因すると推測されている．しかし，大量の格子欠陥あるいは検出限界以下のわずかな不純物により薄膜やナノ粒子が強磁性を示す原因は不明である．

4.3 ナノ粒子の磁性

本節では，マイクロクラスターに比べてサイズが大きいナノ粒子について，孤立あるいは独立分散した状態の磁性を取り扱う．サイズの増大に伴い，4.2節で概説した分子，マイクロクラスターの微視的な磁性の特徴から，4.1.3項で概説した単磁区粒子の磁気的特徴へと移り変わることが理解されよう．また，バルク固体中に析出したナノ粒子の構造変化と磁性，貴金属合金や酸化物中に不均一分散したナノ粒子の磁性，生体中に形成されたナノ粒子の磁性について紹介する．

4.3.1 基板担持ナノ粒子

(a) 基板上の孤立ナノ粒子

図4.20にFeナノ粒子のX線磁気円偏光2色性(XMCD, X-ray magnetic circular dichroism) の測定結果から求めた磁気モーメントのサイズ依存性を示す（図4.28も参照）[43-45]．サイズが小さい領域で，有効スピン磁気モーメント $m_{S,\text{eff}}(= m_S + 7m_T)$，軌道磁気モーメント m_L はいずれも増加している．約250個のFe原子のナノ粒子の場合，巨視的物質に比べて m_L は約75％，$m_{S,\text{eff}}$ は約10％増加しているが，いずれもナノ粒子における原子配列の低次元性，表面効果に起因していると考えられる．ただし，その増加率は自由マイクロクラスターに比べて小さく，担持されたナノ粒子の電子，磁気状態が基板の影響を受けることを示唆している．ナノ粒子の堆積密度が増加し相互接触が進むと低対称性，電子局在，表面効果が弱まり，$m_{S,\text{eff}}$ は徐々に，m_L は急激に減少する．それに伴い，XMCDの磁場依存性から求めた残留磁化の値は，急激に増加する．

XMCDと類似した角度分解光電子分光の磁気直線偏光2色性(magnetic linear dichroism in the angler distribution of photoelectrons MLDAD), 磁気円偏光2色性(magnetic circular dichroism in the angler distribution of photoelectrons MCDAD) の測定によれば，ナノ粒子堆積量の増加に伴い，MLDADが急激に増加するのに対して，MCDADは一定である．これは，ナノ

4.3 ナノ粒子の磁性　165

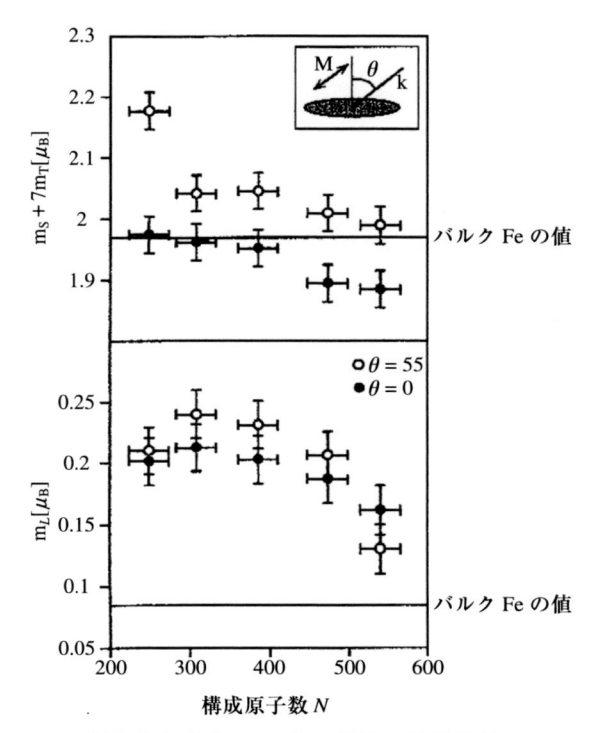

図 **4.20** XMCD 測定から求めた Fe ナノ粒子の原子磁気モーメントのマイクロクラスターサイズ（原子数 N）依存性 [44]．(a)3d 電子の有効スピン磁気モーメント：$(m_{S,\text{eff}} = m_S + 7m_T)$, (b) 有効軌道磁気モーメント (m_L)．(a) 図の右上に示すように，試料表面の法線方向とフォトンの入射方向とのなす角度 $\theta = 0°$（黒丸）と 55°（白丸）で測定．

粒子が相互に接触し，基板面に平行な磁気異方性が発生することを示唆している [44]．

次に，マイクロ超伝導量子磁束検出計（superconducting quantum interference device, SQUID：図 4.29 参照）を構成する Nb 基板上（x-y 面）に担持させた 1 個の Co ナノ粒子（サイズ 3 nm）の磁化過程の解析結果を述べる．図 4.21 は，y – z 面内方向に磁場を印加したときに磁化反転が生じる磁場（スイッチング磁場：図 4.12(b)）の温度依存性を示す [46-49]．z 方向を磁化容易軸，y 方向を磁化困難軸とする磁気異方性が存在するため，スイ

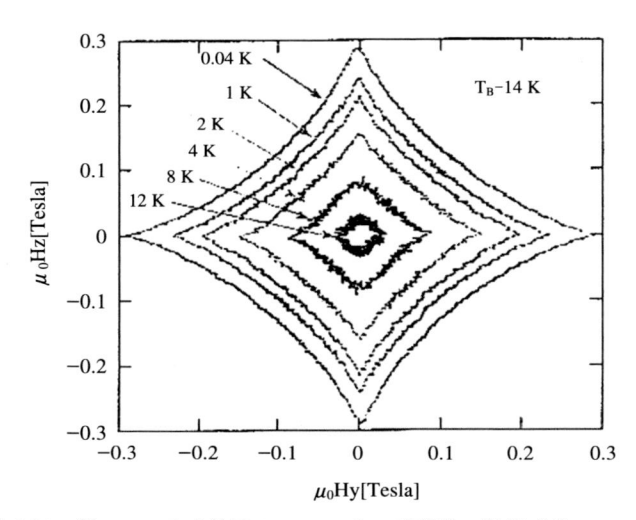

図 4.21 単一 Co ナノ粒子のスィッチング磁場の温度変化 [46]．図 4.29 のマイクロ SQUID 磁束素子（x-y 平面）の上に試料を担持し，基板面上の y 方向と基板垂直 z 方向のなす平面内で磁場を印加して測定した磁化曲線に基づき，図 4.11 に示した磁化反転する磁場（スウィッチング磁場：ベクトル量）を見積もり，y および z 成分（H_y および H_z）に分解して表示．

ッチング磁場がアステロイド曲線 (asteroid curve) となる．この図で，印加磁場の方向ならびに大きさがこの曲線の内側にあれば磁化は反転せず，外側にあれば磁化が反転する．温度上昇に伴いアステロイド曲線は閉じていき，14 K 以上で消失する．これ以上の温度では超常磁性となることを示している．

ここで，Co ナノ粒子は fcc 構造であり一軸異方性は弱いと考えられる．また，基板の Nb のほうが Co より弾性定数が低く，逆磁歪効果 (inverse-magnetostriction effect)[1] も弱いので，膜面垂直の磁気異方性は界面 (表面) 効果に起因すると推測される．なお，(4.12) 式を用いて磁化曲線から見積もったナノ粒子のサイズは，電子顕微鏡や X 線回折から見積もった値に比べ

---

[1] 磁気モーメントが特定の結晶方向に向けられると結晶が歪み，それに伴って磁気異方性が発生する．

て小さく，Coナノ粒子とNb薄膜の界面で原子相互拡散し，合金化していると推測される．

(b) 液相合成ナノ粒子

1つの強磁性ナノ粒子を単位とする磁気記録素子を想定すると，超常磁性/強磁性転移のサイズが小さいほど記録密度が向上するので，磁気異方性を高めて磁化方向を安定化することが課題となる．その有力候補として，バルク状態でも高い磁気異方性を示すFe-Pt, Fe-PdやSm-Co合金などのナノ粒子が挙げられる．実際，液相コロイド法で合成されたFe-Pt合金ナノ粒子について，構造規則化(fcc→fct)熱処理を施すことにより，マクロな合金試料と同様に高い保磁力が観測された[50]．それを契機に，液相法で合成したFe-Pd合金ナノ粒子ならびにFe-Pt合金薄膜や気相合成Fe-Ptナノ粒子の磁性の研究が盛んである．

いずれの場合も，ナノ粒子生成後に熱処理すると大きな保磁力が得られているが，同時に粒子どうしの凝集・焼結が生じ，ナノ粒子を独立分散させることが困難である．そのため，液相合成過程でFe-Ptナノ粒子にSiO_2膜を被覆させてから熱処理するなどの改良法が提案されている[51]．磁気記録用として応用するには，さらに，Fe-Ptナノ粒子の結晶磁気異方性軸の[001]方向を基板面に垂直に揃えたり，ナノ粒子を秩序配列させるなどの課題が残されている．

(c) コアシェルナノ粒子

特有の磁気的性質を示す金属・合金ナノ粒子に対して，異なる磁気特性の構成要素からなるナノ粒子の多機能性にも興味が持たれる．その例としてCo/CoOコアシェルナノ粒子(core-shell nanoparticle)を紹介する．金属ナノ粒子は大気にさらされると爆発的に酸化するが，堆積室にごくわずか(分圧0.1 Pa程度)酸素ガスを導入し表面酸化させると，大気中に取り出しても酸化の進行は格段に抑制される[52]．この表面酸化Coナノ粒子の電子回折図形にはfcc, hcp回折線とNaClタイプの回折線が重畳しており，図4.22(a)の高分解能透過電子顕微鏡像に見られるように，Co/CoOコアシェル

組織になっている [53].

　Co コアが強磁性であるのに対して CoO シェルが反強磁性（ネール温度が約 290 K）であり，両者の界面スピン間に強い反強磁性交換相互作用が働く．無磁場中で冷却した試料に外部磁場を印加すると，Co コアの磁気モーメントが反強磁性交換相互作用によりブロックされる．一方，磁場中冷却した試料では，反強磁性相互作用が弱い状態で Co コアの磁気モーメントが磁場の向きに向けられているので，低温の磁化曲線は，図 4.22(b) に示すように印加磁場と反対方向にシフトする[1]（**交換磁気異方性 exchange magnetic anisotropy**）[54]．酸化被膜の厚さを変化させた試料について，シフト量 H_{eb} と保磁力 H_C の相関性を求めると，H_C は H_{eb} とともに増加しており，一軸磁気異方性も増強されている [55-57]．ランダムな結晶方位の CoO 微結晶と Co コアの界面でランダム磁気異方性が誘起され，保磁力が大きくなったと考えられる．

　ところで，先述の (4.14) 式および (4.15) 式は，1 個の単磁区粒子あるいはサイズや容易軸方向が一定で互いに独立な単磁区粒子の集団に関する式である．サイズや容易軸方向が分布した単磁区粒子集合体の場合，磁化の緩和過程は，

$$M(t) = M(t_0)\left[1 - S(T)\ln\left(\frac{t}{t_0}\right)\right] \quad (4.19)$$

と書き直すことができ，$S(T)$ は「磁気粘性係数」と呼ばれる [58]．高温において，平均の磁気異方性エネルギーを $<E_a>$ とすると，

$$S(T) = \frac{k_B T}{<E_a>} \quad (4.20)$$

となる．図 4.22(c) の上の挿入図に示した種々の温度における表面酸化 Co ナノ粒子の磁化の緩和過程について，(4.19) 式をフィッティングして求めた $S(T)$ の温度変化をプロットすると，図 4.22(c) のようなる．高温側の磁気緩和は，(4.14) 式に対応した熱活性化型である．8 K 以下では $S(T)$ は一定となり，巨視的量子トンネル型であることを示唆している．ただし，表面酸化

---

[1] シフト量を交換バイアス磁場 H_{eb} と呼ぶ．

4.3 ナノ粒子の磁性　169

(a)

5 nm

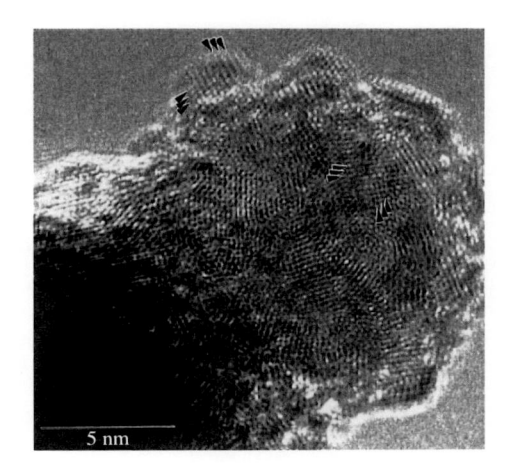

(b)

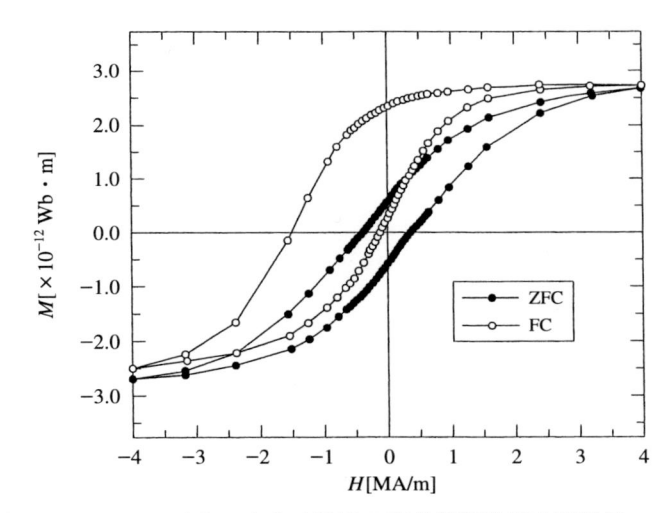

図 4.22　(a)Co/CoO コアシェルナノ粒子の高分解透過電子顕微鏡 (HRTEM) 像（著者らが撮影）．(b)Co/CoO コアシェルナノ粒子（平均サイズ 6 nm）の 5 K での磁化曲線 [53]．黒丸は無磁場冷却，白丸は磁場中冷却した試料．(c) 磁気粘性係数 $S(T)$ の温度変化．上部の挿入図は磁場反転後の磁化の経時変化 [53]．(d) 電子線ホログラム観察より求めた Co/CoO コアシェルナノ粒子集合体試料端部の磁束分布 [59]．上から，室温の初期状態，123 K の無磁場冷却試料，123 K の磁場中冷却試料．

170 第 4 章 ナノ粒子の磁気的性質

(c)

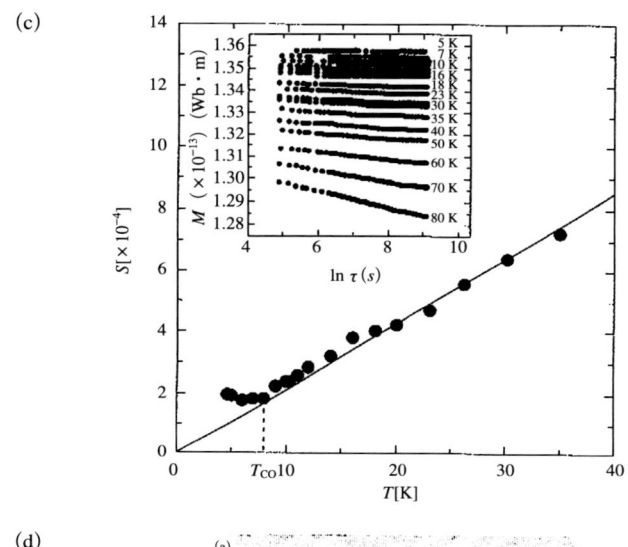

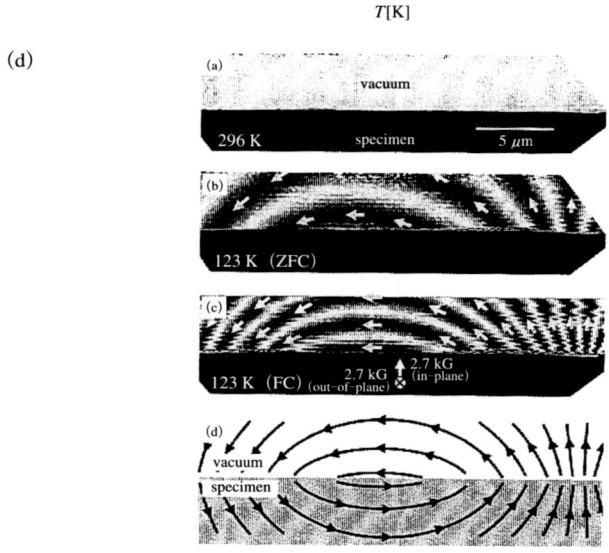

(d)

図 4.22 続き

Coナノ粒子の集合体を電子線ホログラフィー（electron holography：後述の図4.30参照）で観測すると，図4.22(d)に示すように試料表面で磁束の出入りが観測される[59]．したがって，ナノ粒子どうしが磁気的に結合し，低温での磁気緩和を抑制している可能性もある．

4.3.2 分散・析出ナノ粒子

(a) バルクマトリックス中析出ナノ粒子

まず，マトリックスとの格子整合により形成された非平衡構造のFeマイクロクラスターの磁性の例を紹介する．よく知られているように，異種金属を混合（合金化）して機能を高めるのが金属材料学の手法で，その基盤となるのが平衡状態図である．通常，縦軸を温度，横軸を化学組成とした平面図として描かれ，一定の温度と化学組成で元素どうしを混合させたときの合金の結晶構造，均一状態（相）か不均一（相分離）状態かを表している．図4.23(a)に示したFe-Cu合金平衡状態図(equilibrium phase diagram)を見ると，固相状態ではFeとCuは互いに混じりにくい．右のCu側に注目すると，1369 Kにおいて3.5 at%Fe以下で均一液相，1327 Kにおいて4 at%Fe以下で均一fcc相，1123 Kにおいて1.3 at%Fe以下で均一fcc相が形成される．しかし，室温においてはほぼ純Feのbcc相と，ほぼ純Cuのfcc相に相分離する[60]．

高温でCu中にFeが固溶する組成の試料（fcc相）を室温あるいはそれ以下の原子拡散が無視できる温度まで急速冷却（固体急冷 solid quenchingと呼ぶ）すると，均一なfcc相が維持される．図4.23(b)は，固体急冷状態のCu-0.6at%Fe合金のメスバウアースペクトルを示す[61]．強磁性成分は存在せず，Cuマトリックス中に孤立したFe（原子1個）に対応するシングレット成分とFe原子対（原子2個）に対応するダブレット成分が共存する．この試料に加熱処理を施すと，Fe原子がCuマトリックス中を拡散して他のFe原子と衝突し，合体成長してFeマイクロクラスターを形成する．Feマイクロクラスターはナノ粒子に成長していくが，気相中と異なり，臨界サイズ以下のとき，周囲のfcc構造のCu格子と格子整合して，fcc構造が

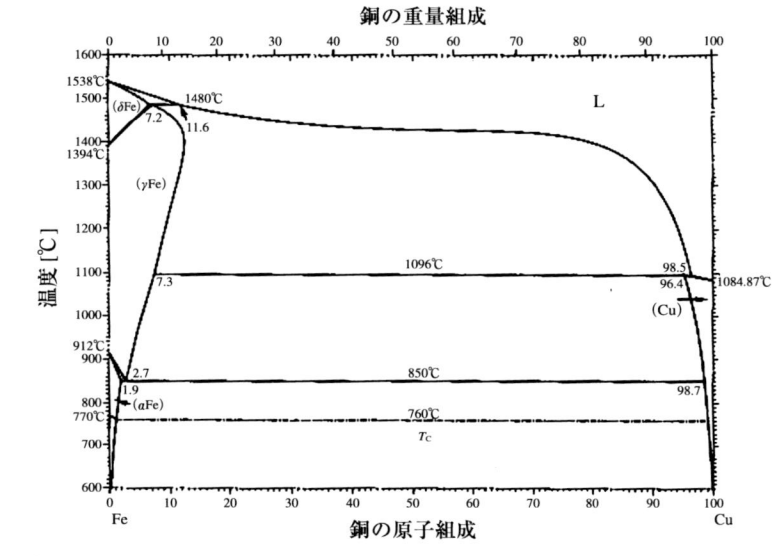

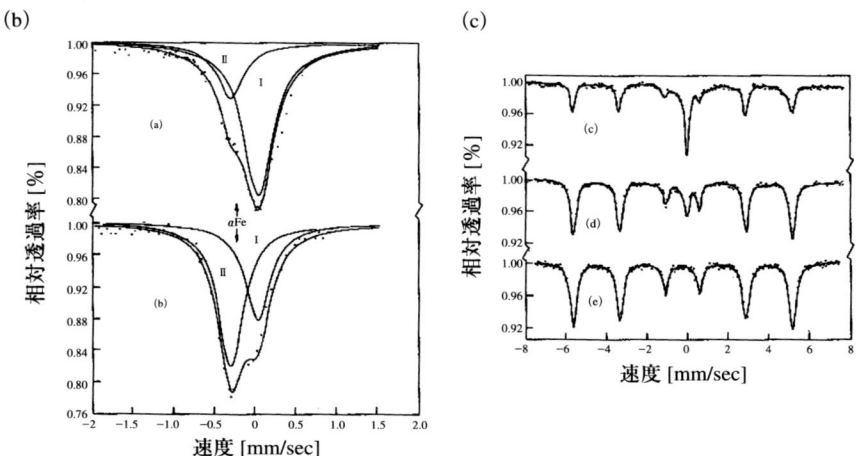

図 **4.23** (a)Fe-Cu 合金系の平衡状態図 [60]．Cu マトリックス中に析出した Fe ナノ粒子の 80 K のメスバウアースペクトル [61]，(b) 上側は 1158 K で長時間焼鈍後に焼き入れした Cu-0.6at%Fe 試料，下側は 873 K で 5 分間焼鈍した Cu-0.6at%Fe 試料，(c) 上側は 873 K で 72 時間焼鈍後に冷間圧延した Cu-0.6at%Fe 試料，真ん中は 923 K で 27 時間焼鈍後に冷間圧延した Fe-3.5at%Fe 試料，下側は純 Fe 薄帯試料．

維持される．fcc-Fe ナノ粒子[1]は，低温で約 6.4 MA/m（80 kOe）の内部磁場を有し反強磁性を示す．

　固体急冷試料を 2 相共存領域で低温・長時間あるいは高温熱処理すると，fcc-Fe ナノ粒子のサイズはさらに大きくなる．本来 bcc 相が安定であるため，Cu 格子との界面における歪エネルギーが増加し，fcc 相は不安定となる．図 4.23(c) の高温熱処理した Cu-Fe 合金のメスバウアースペクトルにおいて，非磁性成分と強磁性成分が共存する．臨界サイズより大きくなった fcc-Fe 相が強磁性 bcc 相に相転移したことを示している．なお，室温における fcc 相の臨界サイズは約 6 nm であるが，低温では相転移の臨界サイズは大きくなる．同様の研究は Cu-Co 合金についても実施されている．析出 Co ナノ粒子はバルクの高温状態と同じ fcc 構造をとり，臨界サイズ以下でも強磁性を示す [62-64]．

(b) 合金膜・酸化物膜中分散・析出ナノ粒子

　ここでは，貴金属や酸化物マトリックス中に分散したナノ粒子の例を紹介する．ナノ粒子の磁性の特徴，強磁性ナノ粒子複合体の電流磁気効果の増強，磁性ナノ粒子の酸化防止など，基礎，応用上重要な特徴が理解されるであろう．

　上記 a) に示した固体急冷のように，互いに非固溶の元素どうしをエネルギーの高い高温の液体あるいは気体の混合状態から急速冷却すると，より広範囲の元素の組合せや組成で固溶体が形成できる [65]．気体急冷 (vapor quenching) の場合，熱処理ばかりでなく，堆積基板を加熱して拡散を促進させると，様々なナノ粒子分散状態が実現できる．たとえば，Fe と Ag などは液体状態でも互いに混じり合わない組合せであるが，気体急冷すると，Fe 高濃度の bcc 相および Ag 高濃度の fcc 相が形成される [66]．Fe 原子に比べて Ag 原子の原子半径が大きいので，合金化により Fe の格子が膨張する（原子間距離が伸びる）．その結果，3d バンドの幅が狭まり（図 4.7 参照），強磁性がより安定化されるので，非平衡固溶状態はもとより，fcc

---

[1] 中性子回折などの詳しい磁気構造解析によると反強磁性体である．

Agマトリックスに析出した状態でも，サイズによらず強磁性となり，Fe 原子磁気モーメントも大きくなる [65-67]．

　非平衡固溶体を熱処理すると，FeやCoナノ粒子をCuやAgマトリックス中に析出させた試料（グラニュラー膜）が得られる．電気伝導の主要経路である貴金属マトリックス中を伝導電子が移動するとき，電子はスピンを伴っているので，磁性粒子のスピン（磁気モーメント）との間で相互作用する．図4.24(a)の模式図に示すように，無磁場状態と比較して磁場印加状態のほうが磁気的散乱が抑えられ，電気抵抗が小さくなる．そのためグラニュラー膜において，図4.24(b)に示すように，金属人工格子と類似した大きな磁気抵抗（巨大磁気抵抗 giant magneto-resistance GMR）効果が観測され注目を集めた [68-70]．また，前述のマイクロクラスター源（強磁性ナノ粒子発生）と通常の薄膜作成法（貴金属あるいは非磁性マトリックス堆積）を組み合わせて作製したグラニュラー膜 (guranular film) においても，GMRが観測されている [71-74]．

　次に，Feと非固溶の SiO_2，Al_2O_3 などの酸化物を同時堆積させると，酸化物マトリックス中に遷移金属ナノ粒子が分散される．金属ナノ粒子が独立分散している状態では電気伝導が金属粒子間の電子のトンネルに支配される（トンネル型電気伝導）．強磁性金属と非磁性酸化物を接合させた人工格子膜と同様 [75,76]，強磁性金属ナノ粒子の磁気モーメントがランダム配列しているか揃っているかにより電気抵抗率が異なり，上記のGMRのように大きな磁気抵抗（トンネル型磁気抵抗 tunneling type magneto-resistance TMR）効果が観測される．

　また，高真空中で，強磁性元素 Fe，Co，Ni と Mg，Li などを同時蒸発・堆積させた薄膜を作製し大気中で熱処理すると，薄膜構成元素は互いに固溶しないので，Mg，Li が優先的に酸化され，酸化物マトリックス中に遷移金属ナノ粒子が分散される [77,78]．Fe，Co，Ni と Mg，Li ならびにペンタンなどの有機物を液体窒素基板上に同時堆積した後，室温に戻すか高温で熱処理して，有機溶液中で金属どうしを衝突凝集させても，Mg，Li（あるいはその酸化物）マトリックス中に分散したナノ粒子（コアシェル組織）が作製される [79]．いずれの場合も，遷移金属ナノ粒子の成長過程および生成後に

(a)

(b)

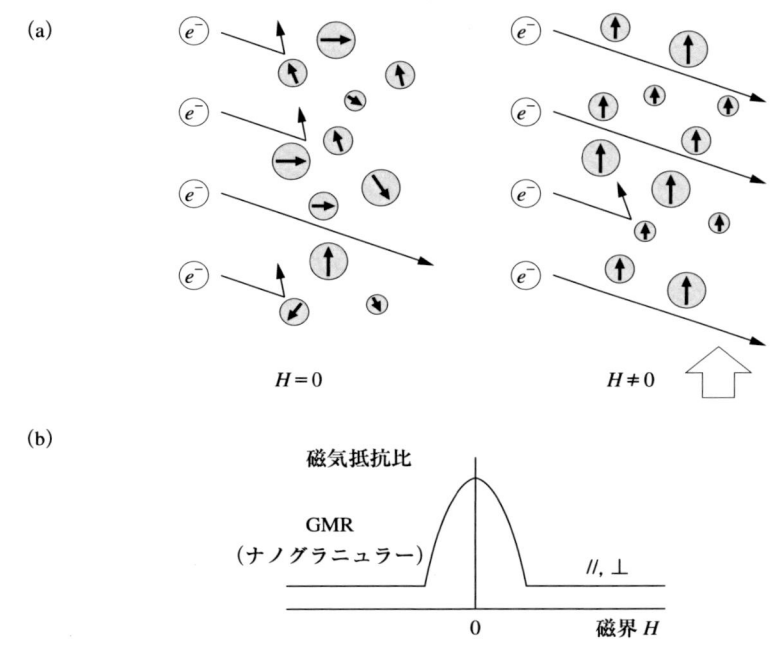

図 4.24 ナノ粒子分散（グラニュラー）物質の磁気抵抗効果．(a) 外部磁場 $H=0$ と $H\neq 0$ において，強磁性ナノ粒子界面での伝導電子の散乱が異なることを示すモデル図．(b) 巨大磁気抵抗効果の磁場依存性の特徴（通常の磁気抵抗効果は磁場方向（縦）と垂直方向（横）で大きさや符号が異なるのに対して，巨大磁気抵抗効果は絶対値が大きく縦と横の差も小さい）．

大気に直接触れないので酸化が抑制される．そのため，バルク金属並みの磁化や内部磁場を有する遷移金属ナノ粒子が形成され，保磁力も小さくなっている．

(c) 生体中のナノ粒子

　生物の生存には多くの遷移金属が必須である．そのなかでも宇宙に多く存在する Fe は，地殻や海水中での濃度が高く，その磁気的状態と生命の発生，進化，維持とは深い関わりがある．たとえば，O_2 運搬の主役となる血液中のヘモグロビンに含まれる Fe^{2+} イオンは高スピン状態にあるが，O_2 や

COと結合すると低スピン状態になる．そして，Feを中心に集め貯蔵する役目をするフェリチンをはじめ，O_2の活性化と酸化やN_2の固定を担うFeを含むタンパク質が多数見出されている．タンパク質分子の隙間では，適度に酸素が供給され，Feは2価から3価へ変化しながら，FeとOが結合して巨大分子を形成する [80]．

Fe濃度や形成されるマイクロクラスターの大きさは，生体の種類，同じ個体でもその組織によって異なる．巨大分子間が緩く磁気的に結合するに伴い，4.2.2項で述べたような振る舞いを示すようになる．すなわち，磁気測定やメスバウアースペクトル測定によれば，貯蔵されたFeがマグネタイト (Fe_3O_4) とマグマグヘマイト (γ-Fe_2O_3) の状態で存在し，超常磁性示すことなどが報告されている [81]．

このようなFeイオンが緩く結合したマイクロクラスターに比べて，より大きな磁性ナノ粒子が生体内で合成されることも明らかになっている．たとえば，水沼の泥の中に生息し，地磁気の磁力線に沿って運動する嫌気性細菌の体内には，一辺40-50 nmの平行6面体あるいは8面体のマグネタイト (Fe_3O_4：逆スピネル構造のフェリ磁性体) の単一磁区微結晶が数珠つなぎ状に配列しているのが見つかっている．この細菌は地球上に広く分布し，北半球では北（地磁気の伏角は下向き），南半球では南（地磁気の伏角は上向き）を指向し，べん毛で移動する．酸素濃度の低い水底に向かって移動することから，環境に適合するため，光や重力でなく磁気を感知して移動すると推測される [82,83]．

図4.25は，凍結乾燥した細胞のメスバウアースペクトルである．非磁性細胞のスペクトルaでは，吸収線はほとんど観測されないが，磁性細胞のスペクトルbでは2種類のセクステット成分が支配的である [84]．Oが作る4面体位置のFe^{3+}および8面体位置のFe^{3+}とFe^{2+}に対応する[1]．しかし，その強度比はほぼ1:1であり，化学量論組成のFe_3O_4（スペクトルc）の1:2と異なり，欠陥（8面体位置の原子空孔やγ-Fe_2O_3）が存在している．また，速度軸0 mm/s付近のダブレットに相当する不純物を含んでいる．

---

[1] 両者が半数ずつ入り，その電子状態が高速でホッピングする．

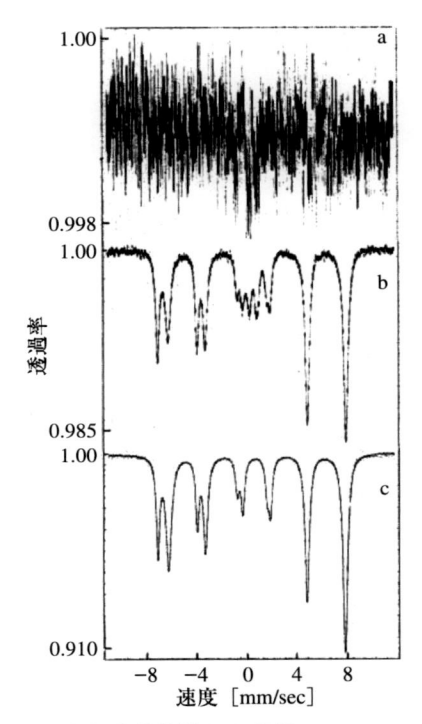

図 4.25 嫌気性細菌を凍結乾燥した試料のメスバウアースペクトル（室温）[81]．a は非磁性細胞の部分，b は磁性細胞の部分．c は化学量論組成のマグネタイト単結晶から切り出した薄帯試料の参照スペクトル．

なお，走磁性細菌 (magneto-static bacteria) 中に形成された磁性ナノ粒子はリン脂質 2 重膜に覆われている．抗体，酵素，DNA などの固定化が可能であるとともに，50-100 nm と大きいにもかかわらず凝集が抑制されるので，医療への用途がある．

4.4 まとめ

本章では，初めに原子，分子，固体の電子状態と磁性の起源や，微視的相互作用と巨視的相互作用の競合により生じる磁区分割，ミクロな相互作用に支配される単磁区粒子の概念と磁気的特徴など，固体物理学の復習をした．

それらの知識を前提に，原子・分子，構成原子数が識別できるマイクロクラスター，電子顕微鏡でサイズが評価できるナノ粒子へとサイズが大きくなるにしたがい，その磁気的性質がどのように変化するかについて，代表的な事例を紹介した．

分子からマイクロクラスターの領域では，原子の電子状態の特徴がまだ顕著で，量子効果によりスピン分極がより強調され，原子当たりの磁気モーメントが大きい．また，マイクロクラスターやナノ粒子表面では，配位数の減少に伴って対称性が低下し，電子の局在性が強く磁気モーメントや結晶磁気異方性が増強される．マイクロクラスターやサイズの小さいナノ粒子の磁気緩和においては，高温における熱ゆらぎから低温での量子力学的ゆらぎへの遷移が観測される [85-88]．そして，ナノ粒子のサイズの増大，ナノ粒子が孤立した状態から密度が増すと中視的現象と巨視的現象が交差する [89-91]．さらに，ナノ粒子が互いに接触し，ナノ粒子集合体が形成され，その延長線上でバルク固体の磁気的性質が発現する．

マイクロクラスター，ナノ粒子においては，統計熱力学的ゆらぎも不可避である．幾つもの構造異性体や構造ゆらぎ，結晶欠陥が存在し，2成分以上になると化学組成ゆらぎが生じる．また，自由空間に存在するか，基板担持されているか，マトリックスに閉じ込められているかなど，周囲との相互作用，環境の影響を考慮する必要がある．原子（微視的性質）を木に例えると，バルク固体（巨視的物質）は森，マイクロクラスターやナノ粒子（中視的物質）は林に対応する．ナノ粒子の研究は，「木を見て森を見ず」の格言を肝に銘じて進めるべきであろう．

4.5 補足：マイクロクラスター，ナノ粒子の磁気的性質の測定方法

(a) シュテルン・ゲルラッハ法による自由マイクロクラスターの磁化測定 [11-13]

図 4.26 に示すように，強磁性金属ターゲットにパルス状のレーザー光を照射して原子を蒸発させるとともに，レーザーパルスに同期して，気化室[1]にパルス状（間欠的）に He ガスを導入するとマイクロクラスターが形成さ

---

[1] 原料の気化とマイクロクラスター生成を行う空間．

4.5 補足：マイクロクラスター，ナノ粒子の磁気的性質の測定方法　179

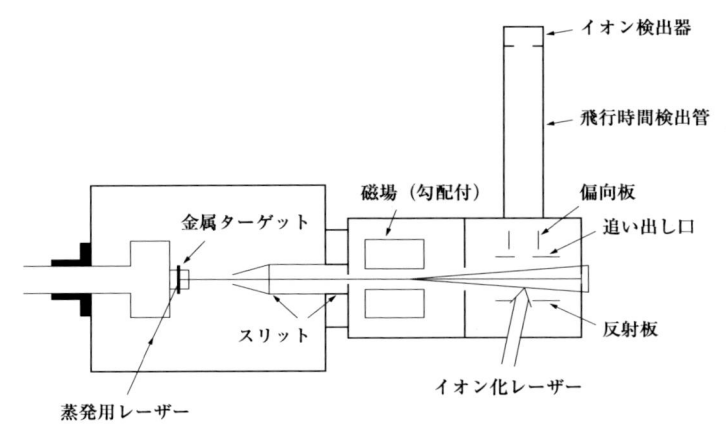

図 4.26　マイクロクラスターの磁化および構成原子数を測定する装置の概念図．図の左側はレーザー蒸発マイクロクラスター源，中央部は勾配のついた磁場領域，右側はレーザーイオン化・飛行時間型質量分析計．図の下側は勾配つき磁場による磁気モーメントの分離．

れる．マイクロクラスターは，差動排気により右側の高真空のレーザーイオン化室のほうに搬送される．その途中で勾配のある磁場中を通過すると，磁場方向に対して異なる向き（大きさ）の磁気モーメントを持つ自由マイクロクラスターに分別される．自由マイクロクラスターの進行方向と磁場方向のなす面に垂直にレーザーを照射してイオン化し，**質量分析計 (mass spectrometer)** に導く．このとき，レーザービームを磁場方向に沿って走査するか，磁場および磁場勾配を変化させる．自由マイクロクラスターの質量（含まれる原子の個数に比例）とその強度（マイクロクラスターの相対的存在比に比例），軌道の中心軸からのずれ（磁気モーメント大きさに比例）を測定すると，特定サイズ（原子数）のマイクロクラスターの磁気モーメントが求められる．

(b) メスバウアー効果 [61,92]

典型的な磁性元素である Fe の同位体を用いた例を述べる．放射性同位体 ^{57}Co を含む線源から放射された 14.4 keV の γ 線を ^{57}Fe 原子が含まれる試料

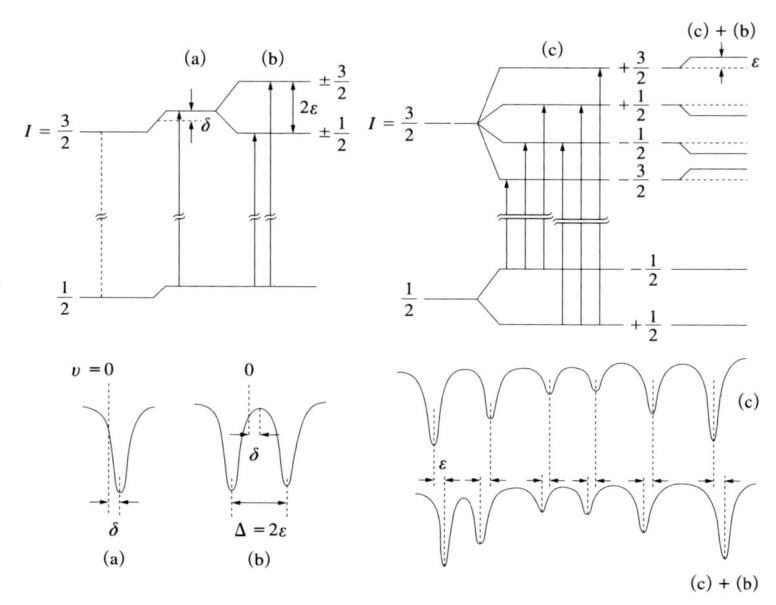

図 4.27 ^{57}Co 線源を用いたメスバウアースペクトルの概念図．各種の超微細相互作用による原子核準位の変化と吸収線のエネルギー変化（上段）とそれに伴う吸収スペクトル（下段）．(a) アイソマーシフト，(b) 電気四重極分裂，(c) ゼーマン（内部磁場）分裂．

に入射させる．それだけでは，入射・吸収時に反跳エネルギーを失うので，共鳴吸収はほとんど生じない．しかし，わずかな無反跳の γ 線とともにドップラー効果でエネルギーが付加された γ 線は吸収され，^{57}Fe 原子核は基底状態 ($I=\frac{1}{2}$) から励起状態 ($I=\frac{3}{2}$) に遷移できる（図 4.27）．

^{57}Fe 原子が常磁性状態にあれば，1 本の吸収線（シングレット）が観測されるが，線源と吸収体の原子核位置の s 電子の存在確率が異なる（化学結合状態が変化する）と，純 Fe などの標準試料と比べてその位置がずれる（(a) アイソマーシフト isomer shift）．^{57}Fe 原子核の励起状態は，正電荷分布が球対称でないので，周囲の電荷分布の変化（結晶構造や局所的な原子配置の変化）により電場勾配が発生すると分裂し，2 本の吸収線（ダブレット）が観測される（(b) 電気 4 重極分裂）．さらに，^{57}Fe 原子が強磁性あ

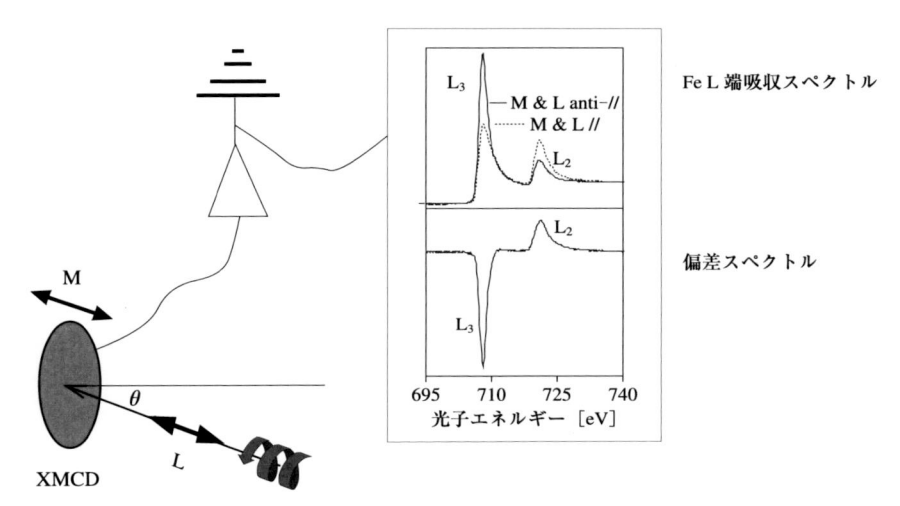

4.5 補足：マイクロクラスター，ナノ粒子の磁気的性質の測定方法   181

図 4.28 X 線磁気円偏光 2 色性（XMCD）分光の概念図．左図のように磁化ベクトルと光子スピンの配列が平行および反平行の L 吸収端スペクトルを測定し，右図のように両者の差を見積もる．外部磁場は，フォトンに平行ならびに角度 θ の方向に印加する．

るいは磁気秩序状態にあると，原子核位置で有限の確率振幅を持つ各 s 電子（図 1.8 参照）スピンが 3d 電子スピンと交換相互作用して分極し，原子核位置に内部磁場 H_{hf} を生じる．基底状態と励起状態が磁気分裂する結果，6 本の吸収線（セクステット）が観測され（(c) 内部磁場分裂），電気 4 重極分裂が無視できるときには，6 本の分裂幅が内部磁場に比例する．純鉄の内部磁場は室温で 26×10^8 A/m(330 kOe)，4.2 K で 27×10^8 A/m(340 kOe) である．

(c) X 線磁気円偏光 2 色性（XMCD）[43-45]

図 4.28 は，シンクロトロン放射された高輝度の X 線源を用いた XMCD 分光の概念図である．円偏光した X 線を磁性体に入射し，X 線の角運動量ベクトル L と平行ならびに反平行に磁場を印加すると，内殻準位の電子が 3d 準位の正孔に励起される．この双極子遷移確率が ↑ と ↓ スピンで異なり，L 吸収端スペクトル強度も磁場による差異が生じる．この偏差スペクトル

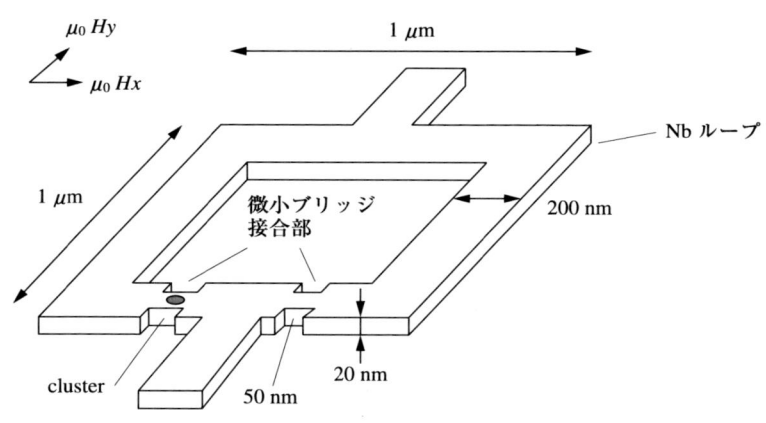

図 4.29 マイクロ超伝導量子検出計 (SQUID) の素子部の概念図. 素子は電子線リソグラフィー加工で作製され，図のように磁性マイクロクラスターがマイクロブリッジに存在するときに最高感度が得られる.

を軌道量子数の選択則[1]，磁気光学総和則，スピン総和則を用いて解析すると，構成元素ごとの軌道磁気モーメント m_l とスピン磁気モーメント m_S を分離して求められる．ただし，X 線は特定の方向のスピン密度と磁気双極子相互作用し，その相互作用が平均化されないので，磁気双極子モーメントの項 m_T を含んだ有効スピン磁気モーメント $m_{S,\text{eff}} = m_S + 7m_T$ が求められる．m_T の項を取り除くには，偏差スペクトルの X 線入射角依存性を測定するか，$m_T = 0$ となる X 線入射角（魔法角：約 55 度）を用いる．ただし，Fe の場合 $m_S \geq 10 m_T$ であり，大まかには $m_{S,\text{eff}} \cong m_S$ と近似できる．

類似の方法として，角度分解内殻光電子分光・磁気 2 色性がある．MLDAD では，直線偏光した X 線に対して偏光面に垂直な 2 つの向きの磁場を磁性体に印加し，光電子スペクトルの差異を測定する．MCDAD では，円偏光 X 線の角運動量方向と平行な 2 つの向きの磁場を磁性体に印加して光電子スペクトルの差異を測定する．

---

[1] 基底状態と励起状態の m_l の差に関する制約．

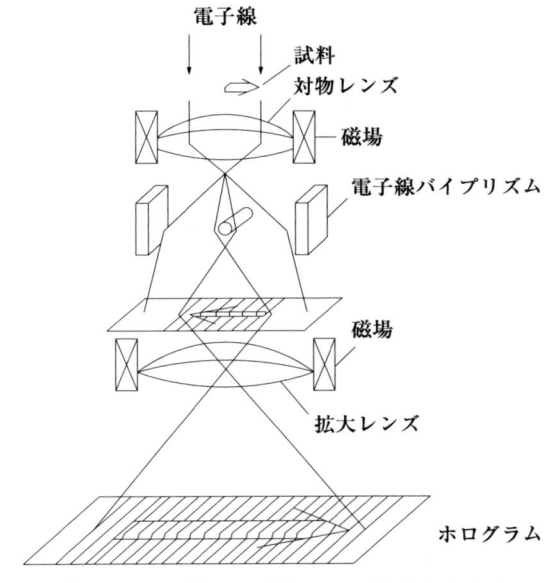

4.5 補足：マイクロクラスター，ナノ粒子の磁気的性質の測定方法   183

図 4.30 電子線ホログラフィー測定の概念図

(d) 超伝導量子磁束検出計 (SQUID)[93]

超伝導体が作るループの内側の磁束は量子化され，

$$\Phi_0 = \frac{h}{2e} = 2.07 \times 10^{-15} \text{Wb} \tag{4.21}$$

を単位として離散的に変化する．ループ内に2つの接合部を挿入したジョゼフソン接合を作ると，ループ内の磁束変化が Φ_0 を単位として測定できる（SQUID）．地磁気の水平成分の磁束密度が 3×10^{-5}T(=Wb/m^2) であり，SQUID が極めて高感度であることが分かる．図 4.29 のように，超伝導体である Nb の薄膜を基板上に堆積してから1個のマイクロクラスターを担持させ，その後，リソグラフィー微細加工して微小なジョゼフソン接合を作製すると（マイクロ SQUID），$10^3 \sim 10^4 \mu_B$ の感度で磁化が測定できる．このとき，Nb 薄膜内に埋め込むと，酸化が防げる．

(e) 電子線ホログラフィー [94]

　量子力学によれば，電子波が磁場（ベクトルポテンシャル）中を通過すると位相差（ローレンツ力に相当する運動量変化）が生じる．位相の揃った電子波をバイプリズムで分け，試料を通過させたものと試料を通さないものを重ね合わせて干渉させ，ホログラム像を撮影する（図4.30）．このホログラム像を透過したレーザー光と透過させないレーザー光を干渉させて再生像を求めるか，コンピュータソフトを用いて解析し，試料の厚さや磁束の分布に関する情報を得る．

コラム

ナノ粒子と宇宙

　周知のように，代表的なマイクロクラスターであるフラーレンの研究は，宇宙の星間分子の中に未知の炭素分子が存在することを解明する研究に端を発している [11]．ナノ粒子作製方法としてお馴染みの「ガス中蒸発法」により得られた Fe-Ni ナノ粒子においても，鉄隕石（Fe-Ni 合金）中に存在する規則構造の Fe_3Ni 相や FeNi 相が確認されている [95]．

　このナノ粒子は Fe と Ni の煙を2つの加熱蒸発源で発生，473 K 以上に加熱した空間で合流させて基板に堆積させたものである．圧力が星の内部の超高圧 (10^{16} Pa) から超高真空 (10^{-14} Pa) まで，また温度が星の中心の超高温 (10^8 K) から星間空間の低温 (10 K) まで広がった宇宙空間において，液体が存在する領域は非常に狭い．隕石は星の表面から蒸発した気体原子が低圧下で宇宙塵になり地上に落下する．平衡状態図に存在しない規則相の成因は，気相―固相変化にあると推測される．

　一方，Fe と Ni の硫酸塩水溶液にシュウ酸水溶液を加えて Fe-Ni シュウ酸塩を共沈させた酸化物微粒子を水素気流中で還元・熱処理したナノ粒子試料でも規則構造の Fe_3Ni 相が得られている [96]．また，バルク不規則 Fe-50at%Ni 合金単結晶に中性子線照射すると規則構造の FeNi 相（強磁性）が得られ，磁気異方性の増強効果が観測されている [97]．さらに，化学組成 25-50 at%Ni の不規則 Fe-Ni 合金を 623 K 以下で加熱しながら電子線照射すると，規則構造の Fe_3Ni 相（4.2 K で常磁性）や FeNi 相が得られる [98]．

　後者の結果は，合金中に格子欠陥（特に原子空孔）が大量に導入されることにより，通常のバルク合金中では生じない低温の原子拡散が著しく促進されることを示している．気の遠くなるような長時間にわたり，隕石が宇宙線に照射されながら低温熱処理されて規則相形成された可能性がある．通常のプラズマガス凝縮法では不規則構造の Fe-Ni 合金ナノ粒子しか得られなかったが [99]，合金ナノ粒子の研究も，宇宙空間に存在する物質の相図を解明するロマンとつながっている．

参考文献[†][††]

第1章

[1] 久保亮五，超微粒子の電子状態，固体物理 別冊特集号「超微粒子」，アグネ技術センター，pp. 4-11 (1984).
[2] Kubo, R., Electronic properties of metallic fine particles. I., *J. Phys. Soc. Jpn.* **17**, pp. 975-986 (1962).
[3] Kawabata, A. and Kubo, R., Electronic properties of fine metallic particles. II., plasma resonance absorption, *J. Phys. Soc. Jpn.* **21**, pp. 1765-1772 (1966).
[4] 上田良二，超微粒子への序説，固体物理 別冊特集号「超微粒子」，アグネ技術センター，pp. 1-3 (1984).
[5] Kimoto, K., Kamiya, Y., Nonoyama, M. and Uyeda, R., An electron microscope study on fine metal particles prepared by evaporation in argon gas at low pressure, *Jpn. J. Appl. Phys.* **2**, pp. 702-713 (1963).
[6] 紀本和男，超微粒子の生成，固体物理 別冊特集号「超微粒子」，アグネ技術センター，pp. 68-79 (1968).
[7] Krätschmer, W., Lamb, L. D., Fostiropoulos, K., and Huffman, D. R., Solid C_{60}: a new form of carbon. *Nature* **347**, pp. 354-358 (1990).
[8] Iijima, S., Helical microtubules of graphitic carbon, *Nature* **354**, pp. 56-58 (1991).
[9] 一ノ瀬昇・尾崎義治・賀集誠一郎，『超微粒子技術入門』，オーム社 (1988).
[10] 米澤徹（監修），『金属ナノ・マイクロ粒子の形状・構造制御技術』，シーエムシー出版 (2009).
[11] Griffiths, D. J., *Introduction to Quantum Mechanics*, 2nd edition, Pearson Education (2005).

[12] 並木雅俊, 『星と宇宙の物理学読本』, 丸善株式会社 (1990).

第2章
[1] Echt, O., Sattler, K., and Rechnagel, E., Magic Numbers for Sphere Packings: Experimental Verification in Free Xenon Clusters, *Phys. Rev. Lett.* **47**, pp. 1121-1124 (1981).
[2] Katakuse, I., SIMS experiments on metal cluster ions in *Microclusters*, (eds. S. Sugano, Y. Nishina, S. Ohnishi., pp. 10-16, *Springer Ser. Mat. Sci.* **4** (1987).
[3] Brechignac, C. and Broyer, M.; Cahuzac, Ph., Delacretaz, G., Labastie, P., Wolf, J. P., Woste, L., Probing the Transition from van der Waals to Metallic Mercury Clusters, *Phys. Rev. Lett.* **60**, pp. 275-278 (1988).
[4] Herring, C., *Structure and properties of solid surfaces*, (eds. Gomer, R.; Smith, C. S.), The University of Chicago Press (1953).
[5] Wulff, G., *Z. Krist*, **34**, 449 (1901).
[6] Allpress, J. G. and Sanders, J., The influence of surface structure on a tarnishing reaction, *Phil. Mag.* **10**, pp. 827-836 (1964).
[7] Mihama, K. and Yasuda, Y., Initial Stage of Epitaxial Growth of Evaporated Gold Films on Sodium Chloride, *J. Phys. Soc. Jpn.* **21**, pp. 1166-1176 (1966).
[8] Kimoto, K. and Nishida, I., An Electron Diffraction Study on the Crystal Structure of a New Modification of Chromium, *J. Phys. Soc. Jpn.* **22**, pp. 744-756 (1967).
[9] Nishida, I. and Kimoto, K., Crystal habit and crystal structure of fine chromium particles: An electron microscope and electron diffraction study of fine metallic particles prepared by evaporation in argon at low pressures (III), *Thin Solid Films* **23**, pp. 179-189 (1974).
[10] Montano, P. A., Purdum, H., Shenoy, G. K., Morrison, T. I., and Schulse, W., X-ray absorption fine structure study of small metal clusters isolated in rare-gas solids, *Surf. Sci.* **156**, pp. 228-233 (1985).
[11] Yokozeki, A. and Stein, G. D., A metal cluster generator for gas-phase elec-

tron diffraction and its application to bismuth, lead, and indium: Variation in microcrystal structure with size, *J. Appl. Phys.* **49**, pp. 2224-2232 (1978).

[12] Harada, J. and Ohshima, K., X-ray diffraction study of fine gold particles prepared by gas evaporation technique, *Surf. Sci.* **106**, pp. 51-57 (1981).

[13] 保田英洋，多成分系ナノ粒子の構造物性，日本物理学会誌 **63**, pp. 837-845 (2008).

[14] Kashiwase, Y., Nishida, I., Kainuma, Y., and Kimoto, K., X-Ray diffraction study on lattece vibration of fine particles, *J. de Phys.* **38**, pp. 157-160 (1977).

[15] Kittel, C., *Introduction to Solid State Physics*, 8th edition, John Wiley & Sons (2005).

[16] Novotny, V. and Meincke, P. P. M., Thermodynamic Lattice and Electronic Properties of Small Particles, *Phys. Rev. B* **8**, pp. 4186-4199 (1973).

[17] Mori, H., Yasuda, H., and Kamino, T., High resolution electron microscopy study of spontaneous alloying in gold clusters, *Phil. Mag. Lett.* **69**, pp. 279-283 (1994).

[18] Takagi, M., Electron-Diffraction Study of Liquid-Solid Transition of Thin Metal Films, *J. Phys. Soc. Jpn.* **9**, pp. 359-363 (1951).

[19] Buffat, Ph. and Borel, J-P., Size effect on the melting temperature of gold particles, *Phys. Rev. A* **13**, pp. 2287-2298 (1976).

[20] Iijima, S. and Ichihashi, T., Structural instability of ultrafine particles of metals, *Phys. Rev. Lett.* **56**, pp. 616-619 (1986).

[21] Yasuda, H. and Mori, H., Effect of cluster size on the chemical ordering in Au-75at%Cu alloy clusters, *Z. Phys. D* **37**, pp. 181-186 (1996).

[22] Yasuda, H. and Mori, H., Phase diagram in nanometer-sized alloy systems, *J. Cry. Growth* **237239**, pp. 234-238 (2002).

[23] Yasuda, H., Mori, H., and Lee, J. G., Nonlinear responses of electronic-excitation- induced phase transformations in GaSb nanoparticles, *Phys. Rev. Lett.* **92**, pp. 135501-1-4 (2004).

第 3 章

[1] Wooten, F., *Optical Properties of Solids*, Academic Press (1972).

[2] Kittel, C., *Introduction to Solid State Physics*, 8th edition, John Wiley & Sons (2005).

[3] 中嶋貞雄 編,『物性 II—素励起の物理』, 岩波講座, 現代物理学の基礎 8, 岩波書店 (1972).

[4] Ruppin, R. and Englman, R., Optical phonons of small crystals, *Rep. Prog. Phys.* **33**, pp. 149-196 (1972).

[5] Lord Rayleigh., The problem of whispering gallery, *Philos. Mag.* **20**, pp. 1001-1004 (1910).

[6] Mie, G., Beiträge zur Optik trüber Medien, speziell kolloidaler Metallösungen, *Annal. Phys.* **25**, pp. 377-445 (1908).

[7] Quinten, M., *Optical properties of nanoparticle systems, Mie and beyond*, Wiley-VCH (2011).

[8] Bohren, C. F. and Huffman, D. R., *Absorption and Scattering of Light by Small Particles*, Jhon Wiley & Sons (1983).

[9] Palik, E. D., *Handbook of Optical Constants of Solids*, Academic Press (1985).

[10] Maxwell Garnett, J. C., Colours in metal glasses and in metallic films, *Phil. Trans., R. Soc.(London) A* **203**, pp. 385-420 (1904).

[11] Mitra, S. S., *Optical properties of solids*, Infrared and Raman spectra due to lattice vibrations, Plenum Press (1969).

[12] Hayashi, S., Nakamori, N., Hirono, J., and Kanamori, H., Infrared study of surface vibration modes in MgO small cubes, *J. Phys. Soc. Jpn.* **43**, pp. 2006-2012 (1977).

[13] Fuchs, R., Theory of the optical properties of ionic crystal cubes, *Phys. Rev. B* **11**, pp. 1732-1740 (1975).

[14] Kreibig, U. and Vollmer, M., *Optical Properties of Metal Clusters*, Springer Series in Materials Science **25**, Springer, 1995.

[15] Hayashi, S. and Kanamori, H., Raman scattering from the surface phonon mode in GaP microcrystals, *Phys. Rev. B* **26**, pp. 7079-7082 (1982).

[16] Ehrenreich, H. and Phillipp, H. R., Optical properties of Ag and Cu, *Phys. Rev.* **128**, pp. 1622-1629 (1962).

[17] Hanamura, K., Fujii, M., Wakabayashi, T., and Hayashi, S., Surfaceenhanced Raman scattering of size-selected polyynes (C_8H_2) adsorbed on silver colloidal nanoparticles, *Chem. Phys. Lett.* **503**, pp. 118-123 (2012).

[18] 米澤 徹 監修,『金属ナノ・マイクロ粒子の形状・構造制御技術』, シーエムシー出版 (2009).

[19] 山田 淳 監修,『プラズモンナノ材料の設計と応用技術』, シーエムシー出版 (2006).

[20] 山田 淳 監修,『プラズモンナノ材料の最新技術』, シーエムシー出版 (2009).

[21] Garcia, M. A., Surface plasmons in metallic nanoparticles: fundamentals and applications, *J. Phys. D: Appl. Phys.* **44**, 283001, pp.1-20 (2011).

[22] Zhang, J., Zhang, L., and Xu, W., Surface plasmon polaritons: physics and applications, *J. Phys. D: Appl. Phys.* **45**, 113001, pp.1-19 (2012).

[23] Hayashi, S. and Okamoto, T., Plasmonics: visit the past to know the future, *J. Phys. D: Appl. Phys.* **45**, 433001, pp.1-24 (2012).

[24] 福井萬壽夫・大津元一,『光ナノテクノロジーの基礎』, オーム社 (2003).

[25] Brongersma, M. L. and Kik, P. G. (Eds.), *Surface plasmon nanophotonics*, Springer series in optical science **131**, Springer (2007).

[26] Maier, S. A., Plasmonics, *Fundamentals and Applications*, Springer (2007).

[27] 岡本隆之・梶川浩太郎,『プラズモニクス―基礎と応用』, 講談社 (2010).

[28] 浜口智尋,『固体物性（上・下）』, 丸善 (1976).

[29] Pankove, J. I., *Optical Processes in Semiconductors*, Dover Publishing (1971).

[30] 塩谷繁雄・豊沢 豊・国府田隆夫・柊元 宏 編,『光物性ハンドブック』, 朝倉書店 (1984).

[31] Sturge, M. D., Optical absorption of gallium arsenide between 0.6 and 2.75

eV, *Phys. Rev.* 127, pp. 768-773 (1962).

[32] Kayanuma, Y., Wannier exciton in microcrystals, *Solid State Commun.* 59, pp. 405-408 (1986).

[33] Ekimov, E. I. and Onushchenko, A. A., Quantum size effect in three-dimensional microscopcic semiconductor crystals, *JETP Lett.* 34, pp. 345-348 (1981).

[34] Ekimov, E. I. and Onushchenko, A. A., Size quantization of the electron energy spectrum in a microscopcic semiconductor crystal, *JETP Lett.* 40, pp.1136-1139 (1984).

[35] Ekimov, E. I., Efros, Al. l, and Onushchenko, A. A., Quantum size effect in semiconductor microcrystals, *Solid State Commun.* 56, pp. 921-924 (1985).

[36] Brus, L. E., Electron-electron and electron-hole interactions in small semiconductor crystallites: The size dependence of the lowest excited electronic state, *J. Chem. Phys.* 80, pp. 4403-4409 (1984).

[37] Brus, L. E., Electronic wave functions in semiconductor clusters: Experiment and theory, *J. Phys. Chem.* 90, pp. 2555-2560 (1986).

[38] Rossetti, R., Nakahara, S., and Brus, L. E., Quantum size effects in the redox potentials, resonance Raman spectra and electronic spectra of CdS crystallites in aqueous solutions, *J. Chem. Phys.* 79, pp. 1086-1088 (1983).

[39] Canham, L. T., Silicon quantum wire array fabrication by electrochemical and chemical dissolution of wafers, *Appl. Phys. Lett.* 57, pp. 1046-1048 (1990).

[40] Kayanuma, Y., Quantum-size effects of interacting electrons and holes in semiconductor microcrystals with spherical shape, *Phys. Rev. B* 38, pp. 9797-9805 (1988).

[41] Itoh, T., Iwabuchi, Y., and Kataoka, M., Study on the size and shape of CuCl microcrystals embedded in alkali-chloride matrices and their correlation with exciton confinement, *Phys. Stat. Solidi (b)* 145, pp. 567-577 (1988).

[42] Kanzawa, Y., Kageyama, T., Takeoka, S., Fujii, M., Hayashi, S., and Yamamoto, K., Size-dependent near-infrared photoluminescence spectra of Si

nanocrystals embedded in SiO_2 matrix, *Solid State Commun.* **102**, pp. 533-537 (1997).

[43] Takeoka, S., Fujii, M., and Hayashi, S., Size-dependent photoluminescence from surface-oxidized Si nanocrystals in a weak confinement regime, *Phys. Rev. B* **62**, pp. 16820-16825 (2000).

[44] Takeoka, S., Fujii, M., Hayashi, S., and Yamamoto, K., Size-dependent near-infrared photoluminescence from Ge nanocrystals embedded in SiO_2 matrices, *Phys. Rev. B* **58**, pp. 7921-7925 (1998).

[45] Takeoka, S., Toshikiyo, K., Fujii, M., Hayashi, S., and Yamamoto, K., Photoluminescence from $Si_{1-x}Ge_x$ alloy nanocrystals, *Phys. Rev. B* **61**, pp. 15988-15992 (2000).

[46] Inoue, Y., Tanaka, A., Fujii, M., Hayashi, S., and Yamamoto, K., Singleelectron tunneling through Si nanocrystals dispersed in phosphosilicate glass thin films, *J. Appl. Phys.* **86**, pp. 3199-3203 (1999).

[47] Pavesi, L. and Turan, R., editors., *Silicon Nanocrystals*, Wiley-VCH (2010).

[48] Martin, T. P., Infrared absorption in LiF polymers and microcrystals, *Phys. Rev. B* **15**, pp. 4071-4076 (1977).

[49] Schulze, W., Becker, H. U., and Abe, H., The preparation of silver molecules Ag_n(n < 10) in Kr matrices and their ultraviolet-visible absorption spectra, *Chem. Phys.* **35**, pp. 177-186 (1978).

[50] 阿部仁志，マトリックス法による超微粒子の生成，固体物理 別冊特集号「超微粒子」，アグネ技術センター，pp. 97-100 (1984).

[51] Selby, K., Volmer, M., Masui, J., Kresin, V., de Heer, W. A., and Knight, W. D., Surface plasmon resonances in free metal clusters, *Phys. Rev. B* **40**, pp. 5417-5426 (1989).

[52] Selby, K., Kresin, V., Masui, J., Volmer, M., de Heer, W. A., Scheidemann, A., and Knight, W. D., Photoabsorption spectra of sodium clusters, *Phys. Rev. B* **43**, pp. 4565-4572 (1991).

第4章

[1] 太田恵造，『磁気工学の基礎 I・II』，共立出版 (1973).
[2] 近角聡信，『強磁性体の物理 上・下』，裳華房，上 (1978)・下 (1984).
[3] 志賀正幸，『磁性入門 スピンから磁石まで』，内田老鶴圃 (2007).
[4] 守谷 亨，『磁性物理学』，朝倉書店 (2006).
[5] Krutter, H. M., Energy Bands in Copper, *Phys.Rev.* **48**, pp.664-671 (1935).
[6] 山下次郎，『固体電子論』，朝倉書店 (1973).
[7] Connolly, J. W. D., Energy Bands in Ferromagnetic Nickel, *Phys.Rev.* **159**, pp.415-426 (1935).
[8] 本郷研太・小山田隆行・川添良幸・安原 洋，フント則の起源は何か？，日本物理学会誌 **60**, pp.799-803 (2005).
[9] Boyd, R. J., A Quantum Mechanical Explanation for Hund's Multiplicity Rule, *Nature* **310**, pp.480-481 (1984).
[10] 間宮広明・中谷 功・古林孝夫，磁石が集団として織りなす多様な振舞―強磁性超微粒子集合おける多体効果―，日本物理学会誌 **60**, pp.547-551 (2005).
[11] 梶本興亜 編，『クラスターの化学』，培風館 (1992).
[12] 菅野 暁・近藤 保・茅 幸二 編，『新しいクラスターの科学 ナノサイエンスの基礎』，講談社サイエンティフィク (2002).
[13] Cox, D. M., Trevor, D. J., Whetten, R. L., Rohlfing, E. A., and Kaldor, A., Magnetic Behavior of Free-Iron and Iron Oxide Clusters, *Phys.Rev. B* **32**, pp.7290-7298 (1985).
[14] Billas, I. M. L., Becker, J. A., Châtelain, A., and de Heer, W. A., Magnetic Moments of Iron Clusters with 25 to 700 Atoms and Their Dependence on Temperature, *Phys. Rev.Lett.* **71**, pp.4067-4070 (1993).
[15] Billas, I. M. L., Châtelain, A., and de Heer, W. A., Magnetism of Fe, Co and Ni Clusters in Molecular Beams, *J.Magn.& Magn.Mat.* **168**, pp.64-84 (1997).
[16] Cox, A. J., Louderback, J. G., and Bloomfield, L. A., Experimental Observation of Magnetism in Rhodium Clusters, P*hys.Rev.Lett.* **71**, pp.923-926

(1993).
[17] 近藤 保・市橋正彦, 『クラスター入門 物理と化学でひも解くナノサイエンス』, 裳華房 (2010).
[18] Sun, Q., Sakurai, M., Wang, Q., Yu, J. Z., Wang, G. H., Sumiyama, K., and Kawazoe, Y., Geometry and Electronic Structures of Magic Transition-Metal Oxide Clusters M_9O_6 (M = Fe, Co, and Ni), *Phys.Rev. B* **62**, pp.8500-8507 (2000).
[19] Montano, P. A., Barrett, P. H., and Shanfield, Z., The Magnetic Hyperfine Interaction of Iron Monomers and Dimers Isolated in An Argon Matrix, *J.Chem.Phys.* **64**, pp.2896-2900 (1976).
[20] McNab, T. K., Micklitz, H., and Barrett, P. H., Mössbauer Studies on ^{57}Fe Atoms in Rare-Gas Matrices between 1.45 and 20.5 K, *Phys.Rev. B* **4**, pp.3787-3797 (1971).
[21] 大塚齊之助・山崎博史 編, 『金属クラスターの化学』, 学会出版センター, 1986.
[22] 大川尚士, 『磁性の化学』, 朝倉書店 (2004).
[23] Gatteschi, D., Caneschi, A., Pardi, L., and Sessoli. R., Large Clusters of Metal Ions: The Transition from Molecular to Bulk Magnets, *Science* **265**, pp.1054-1058 (1994).
[24] Sessoli. R., Gatteschi, D., Caneschi, A., and Novak, M. A., Magnetic Bistability in A Metal-Ion Cluster, *Nature* **365**, pp.141-143 (1993).
[25] Hernandez, J. M., Zhang. X. X., Luis, F., Tejada, J., Friedman, J. R., Sarachik, M. P., and Ziolo, R., Evidence for Resonant Tunneling of Magnetization in Mn12 Acetate Complex, *Phys.Rev. B* **55**, pp.5858-5865 (1997).
[26] Tejada, J., Ziolo, R. F., and Zhang. X. X., Quantum Tunneling of Magnetization in Nanostructured Materials, *Chem.Mat.* **8**, pp.1784-1792 (1996).
[27] Nozue, Y., Kodaira, T., Ohwashi, S., Goto, T., and Terasaki, O., Ferromagnetic Properties of Potassium Clusters Incorporated into Zeolite LTA, *Phys.Rev.B* **48**, pp.12253-12261 (1993).
[28] 野末泰夫・中野岳仁, 配列ナノ空間における相関s電子系―ゼオラ

イト結晶中のアルカリ金属クラスター—, 固体物理 36, pp.701-712 (2001).

[29] 有田亮太郎・青木秀夫・野末泰夫, アルカリ金属を吸蔵したゼオライトの電子状態:「超原子」結晶, 日本物理学会誌 62, pp.694-698 (2007).

[30] Bein, Th., Schmidt, F., Gunsser. W., and Schmiester, G., Substrate Effect on The Growth of Iron Clusters in Y Zeolite, *Surf.Sci.* 156, pp.57-62 (1985).

[31] Ziethen, H. M., Doppler, G., and Trautwein, A. X., Formation and Characterization of Very Small Iron Clusters in Zeolites, *Hyperfine Inter.* 42, pp.1109-1112 (1988).

[32] Lázaro, F. J., García, J. L., Schünemann, V, Butzlaff, Ch., Larrea, A., and Załuska-Kotur, M. A., Iron Clusters Supported in A Zeolite Matrix: Comparison of Different Magnetic Characterizations, *Phys.Rev. B* 53, pp.13934-13941 (1996).

[33] 金原 粲・藤原英夫, 『薄膜』, 裳華房 (1979).

[34] 吉田貞史, 『薄膜』, 培風館 (1990).

[35] Mermin, N. D. and Wagner, H., Absence of Ferromagnetism or Antiferromagnetism in One- or Two-Dimentional Isotropic Heisenberg Models, *Phys. Rev. Lett.* 17, pp.1133-1136 (1966).

[36] Matsumoto, Y., Murakami, M., Shono, T., Hasegawa, T., Fukumura, T., Kawasaki, M., Ahmet, P., Chikyow, T., Koshihara, S., and Koinuma, H., Room-Temperature Ferromagnetism in Transparent Transition Metal-Doped Titanium Dioxide, *Science* 291, pp.854-856 (2001).

[37] Yamamoto, Y., Miura, T., Suzuki, M., Kawamura, N, Miyagawa, H., Nakamura, T., Kobayashi, K, Teranishi, T., and Hori, H., Direct Observation of Ferromagnetic Spin Polarization in Gold Nanoparticles, *Phys.Rev.Lett.* 93, pp.116801 1-4 (2004).

[38] Crespo, P., Litrán, R., Rojas, T. C., Multigner, M., de la Fuente, J. M., Sánchez-López, J. C., Garcia, M. A., Hernando, A., Penadés, S., and Fernández, A., Permanent Magnetism, Magnetic Anisotropy, and Hysteresis of Thiol-Capped Gold Nanoparticles, *Phys.Rev.Lett.* 93, pp.087204 1-4

(2004).

[39] Hong, N. H., Sakai, J., Poirot, N., and Brizé, V., Room-Temperature Ferromagnetism Obserbed in Undoped Semiconducting and Insulating Oxide Thin Films, *Phys.Rev. B* **73**, pp.132404 1-4 (2006).

[40] Sundaresan, A., Bhargavi, R., Rangarajan, N., Siddesh, U., and Rao, C. N. R., Ferromagnetism as a Universal Feature of Nanoparicles of the Otherwise Nonmagnetic oxides, *Phys.Rev. B* **74**, pp.161306 1-4 (2006).

[41] Rahman, G., García-Suárez, V. M., and Hong, S. C., Vacancy-Induced Magnetism in SnO_2 Density Functional Study, *Phys.Rev.B* **78**, pp.184404 1-5 (2008).

[42] Coey, J. M. D., Wongsaprom, K., Alaria, J., and Venkatesan, M., Charge-Transfer Ferromagnetism in Oxide Nanoparticles, *J.Phys.D* **41**, pp.134012 1-6 (2008).

[43] Binns. C., Bakar, S. H., Louch, S., Sirotti, F., Cruguel, H., Prieto. P., Thornton, S. C., and Bellier, J. D., Building High-Performance Magnetic Materials out of Gas-Phase Nanoclusters, Proc.Int.Symp. on Cluster Assembled Mater., *IPAP Conf. Series* **3**, pp.127-132 (2001).

[44] Binns, C., Bakar, S. H., Edmonds, K. W., Finetti, P., Maher, M. J., Louch, S. C., Dhesi, S., and Brookes, N. B., Magnetism in Exposed and Coated Nanoclusters Studied by Dichroism in X-Ray Absorption and Photoemission, *Physica B* **318**, pp.350-359 (2002).

[45] Binns. C., Bakar, S. H., Louch, S., Sirotti, F., Cruguel, H., Prieto. P., Thornton, S. C., and Bellier, J. D., Building High-Performance Magnetic Materials out of Gas-Phase Nanoclusters, *Appl.Suf.Sci.* **226**, pp.249-260 (1998).

[46] Perez, A., Dupuis, V., Tuaillon-Combes, J., Bardotti, L., Prével, B., Mélinon, P., Jamet, M., Wernsdorfer, W., and Barbara, B., Nanoscale Materials (eds. LizMarzan,L.M. and Kamat,P.V.), Kluwer Academic Press, pp.371-394 (2002).

[47] Jamet, M., Wernsdorfer, W., Thirion, C., Mailly, D., Dupuis, V., Mélinon, P., and Perez, A., Magnetic Anisotropy of A Single Co Nanocluster,

Phys.Rev.Lett **86**, pp.4676-4679 (2001).

[48] Jamet, M., Dupuis, V., Thirion, C., Wernsdorfer, W., Mélinon, P., and Perez, A., Magnetic Properties of An Individual Co-Nanoparticle, *Scripta Mat.* **44**, pp.1371-1374 (2001).

[49] Meier, F., Zhou, L., Wiebe, J., and Wiessendanger, R., Revealing Magnetic Interactions from Single-Atom Magnetization Curves, *Science* **320**, pp.82-85 (2008).

[50] Sun, S., Murray, C. B., Weller, D., Folks, L., and Moser, A., Monodisperse FePt Nanoparticles and Ferromagnetic FePt Nanocrystal Superlattices, *Science* **287**, pp.1989-1992 (2000).

[51] 山本真平・森本泰正・玉田芳紀・高野幹夫・小野輝男，溶液中に分散したL1-FePtナノ粒子の調製と外部磁場による結晶軸の配向制御，まぐね **1**, pp.588-593 (2006).

[52] Haneda, K. and Morrish, A. H., Oxidation of Aerosoled Ultrafine Iron Particles, *Nature* **282**, pp.186-188 (1979).

[53] Peng, D. L., Sumiyama, K., Hihara, T., and Yamamuro, S., Enhancement of Magnetic Coercivity and Macroscopic Quantum Tunneling in Monodispersed Co/CoO Cluster Assemblies, *Appl.Phys.Lett.* **75**, pp.3856-3858 (1999).

[54] Meiklejohn, W. H. and Bean, C. P., New Magnetic Anisotropy, *Phys.Rev.* **105**, pp.904-913 (1957).

[55] Peng, D. L., Sumiyama, K., Yamamuro, S., Hihara, T., and Konno, T.J., Characteristic Tunnel-Type Conductivity and Magnetoresistance in A CoO-Coated Monodispersive Co Cluster Assembly, *Appl.Phys.Lett.* **74**, pp.76-78 (1999).

[56] Nogués, J., Skumryev, V., Sort, J., Stoyanov, S., and Givord, D., Shell-Driven Magnetic Stability in Core-Shell Nanoparticles, *Phys.Rev.Lett.* **97**, pp.157203 1-4 (2006).

[57] Nogués, J., Sort, J., Langlais, V., Skumryev, V., Suriñach, S., Muñoz, J. S., and Baró, M. D., Exchange Bias in Nanostructures, *Phys.Rep.* **422**, pp.65-

[58] Tejada, J., Zhang. X. X., and Chudnovsky, E. M., Quantum Relaxation in Random Magnets, *Phys.Rev. B* **47**, pp.14977-14987 (1993).

[59] Yamamuro, S., Yamamoto, K., Peng, D. L., Hirayama, T., and Sumiyama, K., Random Dipolar Ferromagnetism in Co/CoO Core-Shell Cluster Assemblies Observed by Electron Holography, *Appl.Phys.Lett.* **90**, pp.242510 1-3 (2007).

[60] Massalski, T. B., Okamoto, H., Subramanian, P. R., and Kacprzak, L. ed., *Binary Alloy Phase Diagrams* 2nd edition. Vol.2, ASM International, Ohio, pp.1409 (1990).

[61] Gonser, U, *An Introduction to Mössbauer Spectroscopy*, (ed. May, L.), pp.155-179, Plenum Press, New York (1971).

[62] Bellouard, C., Mireberau, I., and Hennion, M., Magnetic Correlations of Fine Ferromagnetic Particles Studied by Small-Angle Neutron Scattering, *Phys.Rev. B* **53**, pp.5570-5578 (1996).

[63] Bewley, R. I. and Cywinski, R., Muon Spin Relaxation in A Superparamagnet: Field Dynamics in $Cu_{98}Co_2$, *Phys.Rev. B* **58**, pp.11544-11551 (1998).

[64] Casalta, H., Schleger, P., Bellouard, C., Hennion, M., Mirebeau, I., Ehlers, G., Farago, B., Dormann, J. -L., Kelsch, M., Linde, M., and Phillipp, F., Direct Measurement of Superparamangetic Fluctuations in Monodomain Fe Particles via Neutron Spin-Echo-Spectroscopy, *Phys.Rev.Lett.* **82**, pp.1301-1304 (1999).

[65] Sumiyama, K., Non-Equilibrium Binary Fe Alloys Produced by Vapor Quenching, *Phys.Stat.Sol.(a)* **126**, pp.291-312 (1991).

[66] Kataoka, N., Sumiyama, K., and Nakamura, Y., Thermal Stability of Nonequilibrium Crystalline Fe-Ag Alloys Produced by Vapor Quenching, *Acta Metall.* **37**, pp.1135-1142 (1989).

[67] Li, Z. Q., Kawazoe, Y., and Hashi, Y., Magnetism of Nanoscale fcc-Fe Clusters in Cu and Ag Matices, Mater.Sci. & Eng. A217/218, pp.299-302 (1996).

[68] Berkowitz, A. E., Mitchell, J. R., Carey, M. J., Young, A. P., Zhang, S.,

Spada, F. E., Parker F.T., Hutten, A., and Thomas,G., Giant Magnetoresistance in Heterogeneous Cu-Co Alloys, *Phys.Rev.Lett.* **68**, pp.3745-3748 (1992).

[69] 渇岡教行・深道和明, ナノグラニュラー薄膜, 薄帯およびバルク合金の巨大磁気抵抗効果, まてりあ 33, pp.165-174 (1994).

[70] Levy, P. M., Giant Magnetoresistance in Magnetic Layered and Granular Materials, *Solid State Phys.* Advances in Research and Applications, **47**, pp.367-462 (1994).

[71] Maklouf, S. A., Sumiyama, K., Wakoh, K., Suzuki, K., Takanashi, K., and Fujimori, H., Giant Magnetoresistance of Fe-Cluster-Dispersed Ag Films, *J.Magn. & Magn.Mat.* **126**, pp.485-488 (1993).

[72] Hihara, T., Xu, Y. F., Konno, T. J., Sumiyama, K., Onodera, H., Wakoh, K., and Suzuki, K., Microstructure and Giant Magnetoresistance in Fe-Cu Thin Films Prepared by Cluster-Beam Deposition, *Jpn.J.Appl.Phys.* **36**, pp.3485-3491 (1997).

[73] Rubin, S., Holdenried, M., and Micklitz, H., Well-Defined Co Clusters Embedded in An Ag Matrix: A Model System for The Giant Magnetoresistance in Granular Films, *Eur.Phys.J. B* **5**, pp.23-28 (1998).

[74] Parent, F., Tuaillon, J., Stern, L. B., Dupuis, V., Prevel, B., Perez, A., Mélinon, P., Guiraud, G., Morel. R., Barthélémy. A., and Fert, A., Giant Magnetoresistance in Co-Ag Granular Films Prepared by Low-Energy Cluster Beam Deposition, *Phys. Rev. B* **55**, pp.3683-3687 (1997).

[75] Abeles, B., Sheng, P., Coutts, M. D., and Arie, Y., Structural and Electrical Properties of Granular Metal Films, *Adv.Phys.* **24**, pp.407-461 (1975).

[76] Fujimori, H., Mitani, S., and Ohnuma, S., Tunnel-Type GMR in Metal-Nonmetal Granular Alloy Thin Films, *Mat.Sci.Eng. B* **31**, pp.219-223 (1995).

[77] Gangopadhyay, S., Hadjipanayis, G. C., Dale, B., Sorensen, C. M., Klabunde, K. J., Papaefthymiou, V., and Kostikas, A., Magnetic Properties of Ultrafine Iron Particles, *Phys.Rev. B* **45**, pp.9778-9787 (1992).

[78] Klabunde, K. J., Zhang, D., Glavee, G. N., Sorensen, C. M., and Hadjipanayis, G. C., Encapsulated Nanoparticles of Iron Metal, *Chem.Mat.* **6**, pp.784-787 (1994).

[79] Glavee, G. N., Kernizan, C. F., Klabunde, K. J., Sorensen, C. M., and Hadjipanayis, G. C., Clusters of Immiscible Metals. Iron-Lithium Nanoscale Bimetallic Particle Synthesis and Behavior under Thermal and Oxidative Treatments, *Chem.Mat.* **3**, pp.967-976 (1991).

[80] Meldrum, F. C., Heywood, B. R., and Mann, S., Magnetoferritin: In Vitro Synthesis of A Novel Magnetic Protein, *Science* **257**, pp.522-523 (1992).

[81] Pierre, T. G. St., Bell, S. H., Dickson, D. P. E., Mann, S., Webb, J., Moore, G. R., and Williams, R. J. P., Mössbauer Spectroscopic Studies of The Cores of Human Limpet and Bacterial Ferritins, *Biochim.et Biophys.Acta* **870**, pp.127-134 (1986).

[82] Blakemore, R., Magnetotactic Bacteria, *Science* **190**, pp.377-379 (1975).

[83] 松永 是，磁性細菌粒子の抽出と医学への応用，日本応用磁気学会誌 **10**, pp.488-495 (1986).

[84] Frankel, R. B., Blakemore, R. P., and Wolfe R. S., Magnetite in Freshwater Magnetotactic Bacteria, *Science* **203**, pp.1355-1356 (1979).

[85] 久保亮五・川畑有郷，金属微粒子中の電子，日本物理学会誌 **23**, pp.718-728 (1968).

[86] 川村 清，『超微粒子とは何か—Frontier Science Series』，丸善 (1987).

[87] 超微粒子編集会 編，固体物理 別冊特集号「超微粒子」，アグネ技術センター (1984).

[88] 林 主税・上田良二・田崎 明 編，『超微粒子 創造科学技術』，三田出版会 (1988).

[89] 茅 幸二・西 信之，『クラスター 新物質・ナノ工学のキーテクノロジー』，産業図書 (1994).

[90] 生駒俊明，"素機能"の概念と半導体への応用，応用物理 **59**, pp.289-300 (1990).

[91] Edelstein, A. S. and Cammarata. R. C. ed., *Nanomaterials: Synthesis, Prop-*

erties and Applications, Institute of Physics Publishing, Bristol (1996).

[92] 藤田英一 編著,『メスバウア分光入門―その原理と応用―』, アグネ技術センター (1999).

[93] 御子柴宣夫・鈴木克生,『超伝導物理入門』, 培風館 (1995).

[94] 外村 彰,『電子波で見る世界 電子線ホログラフィー―Frontier Science Series』, 丸善 (1985).

[95] 墻内千尋,『煙の秘密―超微粒子の生成』, 共立出版 (1991).

[96] Kachi, S, Bando, Y., and Higuchi, S., The Phase Transformation of Iron Rich Iron-Nickel Alloy in Fine Particles, *Jpn.J.Appl.Phys.* **1**, pp,307-313 (1962).

[97] Néel, L., Pauleve, J., Pauthenet, R., Laugier, J., and Dautreppe, D., Magnetic Properties of an Iron-Nickel Single Crystal Ordered by Neutron Bombardment, *J.Appl.Phys.* **35**, pp.873-876 (1964).

[98] Chamberod, A., Laugier, J., and Penisson, J. M., Electron Irradiation Effects on Iron-Nickel Invar Alloys, *J.Magn.& Mag.Mat.* **10**, pp.139-142 (1979).

[99] Monden, A., Katoh, R., Peng, D. L., and Sumiyama, K., Structure of Iron/Nickel Composite Cluster Assemblies Prepared by Double Glow-Discharge-Sources, *Mater. Trans.* **50**, pp.516-522 (2009).

---

† 引用/転載した図版の図中文字やラベル等は, 読者の利便性を考慮して, なるべく日本語に訳した.

†† 一部の図版は, 現時点での版権の所在が不明であるが, 歴史的な意義等を重視し, 出典を記したうえで掲載(引用)した.

索 引

物質名

Ag , 33-35, 46, 72-76, 93-97, 121, 123, 124, 130, 131, 173
Ag_N , 123
Al , 93, 160
Al_2O_3 , 174
Ar , 8, 121, 122, 155, 156
Au , 31, 45, 49, 51-53, 72, 93-95, 163
Be , 155
CdS , 106, 110-113
CdSe , 110
CO , 176
Co , 141, 163, 165-169, 173, 174, 179, 180
Co_N , 154
CoO , 168, 169
Cr , 33, 34
CsBr , 121
CsCl , 87, 88
CsI , 88
Cu , 26, 27, 49, 52, 53, 95, 138, 139, 171, 172-174
Cu-Co , 173
CuCl , 106, 110-113
Fe , 141, 151, 152, 155, 156, 162, 163, 165, 171-174, 179, 182, 185
Fe^{2+} , 134, 175, 176
Fe^{3+} , 176
Fe_2 , 151, 152, 155, 156-157
Fe_2O , 152, 153
Fe_2O_3 , 176
Fe_3 , 152, 153
Fe_3Ni , 185
Fe_3N , 150
Fe_3O_4 , 176
Fe_N , 153, 154
$Fe(CO)_5$, 160
Fe-Cu , 171, 172
Fe-Pd , 167
Fe-Pt , 167
Fe^{2+} , 134
FeNi , 185
FeO , 156
Ga , 56
GaAs , 106, 107
GaP , 8, 86, 90, 91
GaSb , 56
Ge , 106, 111, 116-118
He , 8, 111, 178
Hg , 28
In , 35, 36, 47
K , 160, 161
$K_{12}Al_{12}Si_{12}O_{48}$, 160
KBr , 63, 87, 89
KCl , 88
Kr , 121, 123, 124
Li , 174
LiF , 86, 121, 122
Mg , 174
MgO , 86-89
Mn , 157, 158

Mn^{3+} , 157
Mn^{4+} , 157
Mn_{12} , 157-159
Mn^{1+} , 137
Mn^{2+} , 137
MnO , 137
N_2 , 176
Na , 125, 162
Na_N , 125
NaCl , 63, 86, 88, 113
Nb , 165, 167, 183
Ni , 138, 139, 141, 163, 174, 185
Ni_N , 154
Ni-Fe , 163
O_2 , 175
O^{1-} , 137
O^{2-} , 137
Pb , 46
Sb , 56
Si , 73, 74, 106, 110, 111, 113-118, 161
$Si_{1-x}Ge_x$, 116-118
SiC , 86
SiO_2 , 114, 115-117, 167, 174
SiO_x , 114
Sm-Co , 167
TlCl , 87, 88
Xe , 8, 25, 26, 155
ZnO , 10, 11
ZnSe , 110

索　引

英字・数字

γ プロット (γ-plot), 29
14 面体 (regular tetradodecahedron), 30
2 体間相互作用 (two-body interaction), 24
2 量体 (dimer), 119
5 角 10 面体 (pentagonal decahedron), 31

A
Ag ナノ粒子 (Ag nanoparticle), 33
Au ナノ粒子 (Au nanoparticle), 31

C
Cr ナノ粒子 (Cr nanoparticle), 33
Cu マイクロクラスター (Cu microcluster), 26

G
Ge ナノ結晶 (Ge nanocrystal), 116

H
Hg クラスター (Hg cluster), 28

I
In ナノ粒子 (In nanoparticle), 36

P
Pb ナノ粒子 (Pb nanoparticle), 46

S
Si ナノ結晶 (Si nanocrystal), 113

T
TE モード (transverse electric mode), 68, 70
TM モード (transverse magnetic mode), 69, 70

X
Xe マイクロクラスター (Xe microcluster), 25
X 線 (X-ray), 36
X 線磁気円偏光 2 色性 (XMCD, X-ray magnetic circular dichroism), 164, 181

あ

アイソマーシフト (isomer shift), 180
アステロイド曲線 (asteroid curve), 166
アモルファス合金 (amorphous alloy), 54
アンペールの法則 (Ampère's law), 58, 129
イオン結晶 (ionic crystal), 63, 65, 78, 85
位相速度 (phase velocity), 59
一軸異方性 (uniaxial anisotropy), 147
ウィスパリングギャラリーモード (Whispering Gallery Mode), 70
ウルフの多面体 (Wulff polyhedron), 30
ウルフの定理 (Wulff's theorem), 29
運動量交換 (kinetic exchange), 137
エキシトン (exciton), 65
エネルギーバンド (energy band), 100, 138
エネルギーバンド構造 (energy band structure), 101, 119
エバルト球 (Ewald sphere), 43

か

回折 (diffraction), 36
界面エネルギー (interfacial energy), 55
解離エネルギー (dissociation energy), 27
化学的規則構造 (chemically-ordered structure), 52
化学的相互作用エネルギー (chemical free energy), 55
化学量論組成 (stoichiometric composition), 54
拡散係数 (diffusion coefficient), 49
核生成 (nucleation), 9
ガス中蒸発法 (gas-evaporation method), 4, 7, 87, 90
活性化エネルギー (activation energy), 49

価電子帯 (valence band), 100
殻模型 (shell model), 154
換算質量 (reduced mass), 103
間接遷移型半導体 (indirect transition semiconductor), 101
気相成長 (vapor growth), 9
規則-不規則相転移 (order-disorder transition), 52
規則度 (degree of order), 52
気体急冷 (vapor quenching), 173
軌道角運動量の凍結 (orbital quenching), 133
軌道量子数 (orbital angular momentum quantum number), 127
ギブスの自由エネルギー (Gibbs free energy), 28
逆格子 (reciprocal lattice), 36, 100
逆磁歪効果 (inverse-magnetostriction effect), 166
ギャップエネルギー (gap energy), 101
吸収係数 (absorption coefficient), 84
吸収効率 (absorption efficiency), 72
吸収断面積 (absorption cross section), 72
球ハンケル関数 (spherical Hankel function), 68
球ベッセル関数 (spherical Bessel funciton), 16, 68, 108
球面調和関数 (spherical harmonics), 14, 68, 79
キュリー温度 (Curie temperature), 142
強結合近似 (tight binding approximation), 119
強磁性状態 (ferromagnetic state), 140
凝集 (aggregation), 89
巨大磁気抵抗 (giant magneto-resistance GMR), 174
金属超微粒子 (metal fine particles), 4
空間格子 (space lattice), 36
屈折率 (refractive index), 59
久保効果 (Kubo effects), 4, 19
グラニュラー膜 (guranular film), 174

蛍光 (photoluminescence), 116
形状磁気異方性 (shape magnetic anisotropy), 147
ケージ (cage), 159
結合状態 (bonding state), 138
結晶格子 (crystal lattice), 100
結晶構造因子 (structure factor), 38
結晶場 (crystal field), 133
結晶場分裂 (crystal-field splitting), 133
減光効率 (extinction efficiency), 72
原子散乱因子 (atomic scattering factor), 38
原子の拡散 (atomic diffusion), 47
原子の殻構造 (atomic shell structure), 24
原子のジャンプ頻度 (atomic jump frequency), 48
原子の平均二乗変位 (atomic mean square displacement), 43
固-液相転移 (solid-to-liqiud phase transformation), 50
コアシェルナノ粒子 (core-shell nanoparticle), 167
光学フォノン (optical phonon), 64, 85
交換磁気異方性 (exchange magnetic anisotropy), 168
交換相互作用 (exchange interaction), 136
格子振動 (lattice vibration), 63
格子振動のソフト化 (lattice softening), 43
格子定数 (lattice constant), 33
格子歪エネルギー (strain energy), 55
高周波数誘電率 (high-frequency dielectric constant), 64
高スピン状態 (high spin state), 134
構造揺動 (structural fluctuation), 52
固体急冷 (solid quenching), 171
個別粒子閉じ込め (confinement of individual particles), 107, 108
コロイド粒子 (colloidal particles), 7

さ

最近接原子間距離 (nearest neighbor atomic distance), 33
散乱効率 (scattering efficiency), 72
散乱振幅強度 (intensity of scattering amplitude), 40
散乱断面積 (scattering cross section), 72
磁壁 (magnetic domain wall), 146
磁化容易軸 (magnetically easy direction), 144
磁化率 (magnetic susceptibility), 143
磁気円偏光 2 色性 (magnetic circular dichroism in the angler distribution of photoelectrons MCDAD), 164
磁気緩和 (magnetic relaxation), 149
磁気直線偏光 2 色性 (magnetic linear dichroism in the angler distribution of photoelectrons MLDAD), 164
磁気モーメント (magnetic moment), 129
磁気量子数 (magnetic quantum number), 128
磁区 (magnetic domain), 144
質量スペクトル (mass spectrum), 25
質量分析計 (mass spectrometer), 179
質量分析法 (mass spectroscopy), 151
磁場冷却 (field cool), 150
周期的ポテンシャル (periodic potential), 100
収束イオンビーム (focussed ion beam), 7
自由電子 (free electron), 61, 63, 100
充填率 (filling factor), 84
縮退 (degenerate), 133
シュテルン・ゲルラッハ (Stern-Gerlach), 130
主量子数 (principal quantum number), 127
シュレーディンガー方程式 (Schrödinger equation), 13, 103
消磁 (demagnetization), 145
常磁性状態 (paramagnetic state), 138
状態密度 (density of state), 138
晶癖 (crystal habit), 4
シングレット (singlet), 155, 180
随伴ルジャンドル関数 (associated Legendre function), 14
スピン (spin), 128
スピン軌道相互作用 (spin-orbit interaction), 128
正 6 面体 (regular hexahedron), 30
正 8 面体 (regular octahedron), 30
正孔 (hole), 102
静的な原子の変位 (static atomic displacement), 44
静電近似 (electrostatic approximation), 77
ゼーマン分裂 (Zeeman splitting), 131
赤外吸収 (infrared absorption), 87
セクステット (sextet), 156, 181
接合成長 (coalescence growth), 9
全角運動量量子数 (total angular momentum quantum number), 128
全質量 (total mass), 103
双極子–双極子相互作用 (dipole-dipole interaction), 83
走磁性細菌 (magneto-static bacteria), 177
束縛エネルギー (binding energy), 105
束縛電子 (bound electron), 61
素励起 (elementary excitation), 65

た

第 1 ブリルアン領域 (first Brillouin zone), 100, 101
滞在時間 (dwelling time), 153
ダイマー (dimer), 119, 121
多孔質 Si(porous Si), 111
多磁区 (multiple domain), 145
多重双晶粒子 (multiply twinned particle), 31
縦光学フォノン (longitudinal optical

phonon), 64
ダブレット (doublet), 156, 180
単位格子 (unit cell), 37
単磁区 (single domain), 147
断熱膨張 (adiabatic expansion), 151
ダンピング定数 (damping constant), 61
単量体 (monomer), 119
遅延効果 (retardation effects), 77
超交換相互作用 (superexchange interaction), 137
超常磁性 (superparamagnetism), 149
超伝導量子磁束検出計 (SQUID), 165, 183
超微粒子 (fine particles), 3
直接遷移型半導体 (direct transition semiconductor), 101
強い閉じ込め (strong confinement), 107, 108
低周波数誘電率 (low-frequency dielectric constant), 64
低スピン状態 (low spin state), 134
テーラー展開 (Tayler expansion), 102
デバイ・シェラーリング (Debye-Scherrer ring), 43
デバイ・ワラー因子 (Debye-Waller factor), 43
デバイ温度 (Debye temperature), 45
電気感受率 (electric susceptibility), 59
電気分極 (electric polarization), 59
電子 (electron), 102
電磁気的固有モード (electromagnetic normal mode), 70
電子顕微鏡 (electron microscope), 49
電子線 (electron beam), 36
電子線ホログラフィー (electron holography), 171, 184
電子の殻構造 (electronic shell structure), 24
電子ビームリソグラフィー (electron beam lithography), 7
伝導帯 (conduction band), 100

透磁率 (magnetic permeability), 58
ドルーデ型誘電関数 (Drude type dielectric function), 63, 91
トンネル型緩和 (tunneling type relaxation), 159
トンネル型磁気抵抗 (tunneling type magneto-resistance TMR), 174

な

内部磁場 (hyperfine field), 156, 181
ナノサイエンス (nanoscience), 3
ナノテクノロジー (nanotechnology), 3
ナノフィルム (nanofilm), 41
ナノ粒子 (nanoparticles), 1, 127
ナノロッド・ワイヤ (nanorod, nanowire), 41
熱活性化過程 (thermal activation process), 49
熱磁気曲線 (thermomagnetic curue), 149
熱振動 (thermal vibration), 43
熱振動による変位 (thermal atomic displacement), 44

は

ハイゼンベルクの不確定性原理 (Heisenberg's uncertainty principle), 140
パウリの排他原理 (Pauli's exclusion principle), 127
波動ベクトル (wave vector), 59, 100
波動方程式 (wave equation), 58
ハミルトニアン (Hamiltonian), 13, 103
バルク結晶 (bulk crystal), 2
バルク固体 (bulk solid), 127
反強磁性体 (antiferromagnet), 144
反結合状態 (antibonding state), 138
反磁場 (demagnetizing field), 144
半導体結晶 (semiconductor crystal), 100
半導体ナノ結晶 (semiconductor nanocrystals), 110
バンド間遷移 (interband transition), 63,

索　引

93, 101
バンドギャップ (band gap), 101
バンド構造 (band structure), 63, 93
反分極係数 (depolarization factor), 81
反分極電場 (depolarization field), 81
光解離 (photodissociation), 124
表面自由エネルギー (surface free energy), 28
表面素励起 (surface elementary excitation), 77
表面電荷 (surface charge), 81
表面フォノン (surface phonon), 77, 85, 88, 123
表面プラズモン (surface plasmon), 75, 85, 95, 123
表面ポラリトン (surface polariton), 67, 120
表面モード (surface mode), 79
ビリアル定理 (virial theorem), 141
頻度因子 (frequency factor), 49
ファセット (facet), 29
ファラデーの法則 (Faraday's law), 58
ファン・デル・ワールス相互作用 (Van der Waal's interaction), 155
ファン・デル・ワールス力 (van der Waals force), 28
フィックの第1法則 (Fick's first law), 49
フェルミ準位 (Fermi level), 138
フォノン (phonon), 64, 65, 102, 120
不完全殻 (incomplete shell), 131
プラズマ周波数 (plasma frequency), 63
プラズモニクス (plasmonics), 95, 99
プラズモン (plasmon), 65
ブラッグ条件 (Bragg condition), 39
フレーリッヒモード (Fröhlich mode), 80, 123
ブロッホの波動関数 (Bloch wave function), 100
分散関係 (dispersion relation), 65, 120
フントの規則 (Hund' rules), 128

閉殻 (closed shell), 130
平衡状態図 (equilibrium phase diagram), 54, 171
平面波 (plane wave), 59, 65, 72, 100
ヘルムホルツ方程式 (Helmholtz equation), 67
飽和磁化 (saturation magnetization), 146
ボーア磁子 (Bohr magneton), 129
ボーア半径 (Bohr radius), 14
ポテンシャル交換 (potential exchange), 136
ポラリトン (polariton), 65
ボルツマン定数 (Boltzmann constant), 132

ま

マイクロクラスター (microclusters), 3, 23, 118, 127
マクスウェル方程式 (Maxwell's equations), 57
マクスウェル-ガーネット理論 (Maxwell-Garnett theory), 84
マジック数 (magic number), 24, 154, 155
マトリックス法 (matrix method), 121
ミー係数 (Mie coefficient), 73
ミー理論 (Mie theory), 72, 95
実格子 (lattice in real space), 36
密度汎関数法 (density functional method), 154
無磁場冷却 (zero-field cool), 150
メスバウアー (Mössbauer), 173, 179
メスバウアースペクトル (Mössbauer spectrum), 155, 171, 176
メゾスコピック粒子 (mesoscopic particles), 3
モット絶縁体 (Mott-insulator), 160
モノマー (monomer), 119, 121

や

ヤーン・テラー効果 (Jahn-Teller effect), 160

有効質量 (effective mass) , 102
有効質量近似 (effective mass approximation) , 102
有効磁場 (effective field) , 136
有効媒質 (effective medium) , 83
有効媒質理論 (effective medium theory) , 83
有効ハミルトニアン (effective Hamiltonian) , 159
有効ボーア半径 (effective Bohr radius) , 104
有効リュードベリエネルギー (effective Rydberg energy) , 104, 113
誘電関数 (dielectric function) , 60
融点降下 (melting temperature depression) , 50
誘電率 (dielectric constant) , 58
良い量子数 (good quantum number) , 128
横光学フォノン (transverse optical phonon) , 64, 123
弱い閉じ込め (weak confinement) , 107

ら

ラウエ関数 (Laue function) , 38
ラプラシアン (Laplacian) , 58
ラプラス方程式 (Laplace equation) , 79
ラマン散乱 (Raman scattering) , 90
ランデ因子 (Landè g-factor) , 129
リデイン・ザックス・テラーの式 (Lyddane-Sachs-Teller relation) , 64
リュードベリエネルギー (Rydberg energy) , 14
量子効果 (quantum effect) , 24
量子サイズ効果 (quantum size effect) , 6, 107, 110, 120
量子閉じ込め効果 (quantum confinement effects) , 12
励起子 (exciton) , 103
励起子閉じ込め (exciton confinement) , 107
レナード・ジョーンズポテンシャル (Lennard-Jones potential) , 27
ローレンツ振動子 (Lorentz oscillator) , 61
ローレンツモデル (Lorentz model) , 61

わ

ワニエ励起子 (Wannier exciton) , 103

執筆者紹介

林 眞至（はやし しんじ）　担当章：第1章，第3章

- 1973年　京都工芸繊維大学大学院工芸学研究科修士課程（電気工学専攻）修了
- 1975年　パリ第Ⅵ大学（ピエール・エ・マリーキュリー大学）大学院理学研究科第3サイクル博士課程固体物理学専攻修了（固体物理学博士）
- 1976年　京都工芸繊維大学工芸学部電気工学科　助手
- 1984年　工学博士（大阪大学）
- 1986年　神戸大学工学部電子工学科　助教授
- 1996年　神戸大学工学部電気電子工学科　教授
- 2007年　神戸大学工学研究科電気電子工学専攻　教授
- 2013年　神戸大学定年退職
- 現在に至る．

主要著書

『セミコンダクターの物理学』（共訳，吉岡書店，1991年）
『ナノ光学ハンドブック』（共著，朝倉書店，2002年）
『プラズモンナノ粒子の設計と応用技術』（共著，シーエムシー出版，2006年）
『金属ナノ・マイクロ粒子の形状・構造制御技術』（共著，シーエムシー出版，2009年）

隅山兼治（すみやま けんじ）　担当章：第4章

- 1968年　京都大学工学部金属加工学科卒業
- 1973年　京都大学工学研究科博士課程金属加工学専攻単位取得退学
- 同　年　日本学術振興会　研究員
- 1974年　工学博士（京都大学）
- 同　年　カナダ・トロント大学物理学教室　研究員
- 1975年　京都大学工学部金属加工学教室　助手
- 1989年　東北大学金属材料研究所　助教授
- 2000年　名古屋工業大学工学研究科／工学部　教授
- 2009年　名古屋工業大学定年退職
- 同　年　名古屋工業大学プロジェクト研究所　プロジェクト教授
- 2011年　東京電機大学理工学研究科　特別専任教授
- 現在に至る．

主要著書

『新しいクラスターの科学 ナノサイエンスの基礎』（共著，講談社サイエンティフィク，2002年）

保田英洋（やすだ ひでひろ）　担当章：第 2 章
　1983 年　大阪大学工学部金属材料工学科卒業
　1985 年　大阪大学大学院工学研究科金属材料工学専攻博士前期課程修了
　同　年　新日鐵（株）第二技術研究所研究員
　1988 年　大阪大学工学部 助手
　1990 年　工学博士（大阪大学）
　1995 年　大阪大学超高圧電子顕微鏡センター 助手
　1999 年　大阪大学工学研究科 助教授
　2000 年　科学技術庁/文部科学省金属材料研究所 研究ユニットリーダー
　2001 年　神戸大学自然科学研究科/工学部 教授
　2007 年　神戸大学工学研究科 教授
　2010 年　大阪大学超高圧電子顕微鏡センター 教授
　現在に至る．

主要著書
『ミクロの世界・物質編:目で観る物性論』（共著，学際企画，1997 年）
『複雑系の辞典』（共著，朝倉書店，2001 年）
『薄膜評価技術ハンドブック』（共著，テクノシステム，2013 年）

ナノ学会編
シリーズ：未来を創るナノ・サイエンス＆テクノロジー
第2巻 ナノ粒子
物性の基礎と応用

ⓒ 2013 Shinji Hayashi, Kenji Sumiyama,
　　　　Hidehiro Yasuda
　　　　　　　　　　　Printed in Japan

2013年7月31日　初版第1刷発行

編著者	林　　　真　　　至
著　者	隅　山　兼　治
	保　田　英　洋
発行者	小　　山　　　透
発行所	株式会社 近代科学社

〒162-0843 東京都新宿区市谷田町 2-7-15
電話 03-3260-6161　振替 00160-5-7625
http://www.kindaikagaku.co.jp

ISBN978-4-7649-5026-9
定価はカバーに表示してあります．